陆地生态系统碳源汇监测方法与技术丛书

丛书主编 方精云

# 陆地生态系统碳过程室内研究方法与技术

胡水金 刘玲莉 主编

U0223883

科学出版社

北京

# 内 容 简 介

本书系统概括了陆地生态系统碳过程研究的基本原理和方法，并总结了当前陆地生态系统碳循环过程的最新研究进展。全书共分 8 章，主要内容包括绪论、植物碳输入过程研究系统及分析方法、有机碳组分及分解过程研究方法、微生物固持与转化研究系统及技术、土壤微生物群落分析方法、土壤碳的淋溶迁移研究系统、利用光谱研究碳循环的新方法、植物根系在碳循环过程中相关指标的研究方法。

本书可供高等院校和科研院所生态学、土壤学、地学等专业师生及科研人员参考，也可供相关企业、管理部门专业人员参考使用。

**图书在版编目（CIP）数据**

陆地生态系统碳过程室内研究方法与技术/胡水金，刘玲莉主编. —北京：科学出版社，2022.11

（陆地生态系统碳源汇监测方法与技术丛书/方精云主编）
ISBN 978-7-03-073700-7

Ⅰ．①陆… Ⅱ．①胡… ②刘… Ⅲ．①陆地–生态系–碳循环–研究 Ⅳ.
①X511

中国版本图书馆 CIP 数据核字（2022）第 205474 号

责任编辑：李 迪 陈 倩 / 责任校对：郑金红
责任印制：吴兆东 / 封面设计：无极书装

科 学 出 版 社 出版
北京东黄城根北街 16 号
邮政编码：100717
http://www.sciencep.com
北京建宏印刷有限公司印刷
科学出版社发行 各地新华书店经销
*
2022 年 11 月第 一 版 开本：787×1092 1/16
2025 年 1 月第三次印刷 印张：9 3/4
字数：230 000
**定价：128.00 元**
（如有印装质量问题，我社负责调换）

# "陆地生态系统碳源汇监测方法与技术丛书"
# 编委会

## 主　编

方精云

## 编　委

王襄平　胡水金　朱　彪　温学发

黄　玫　刘玲莉　赵　霞

# 《陆地生态系统碳过程室内研究方法与技术》
# 作者名单

（按姓氏音序排列）

白彤硕　邓美凤　冯晓娟　郭　辉　胡水金

黄俊胜　贾　娟　李　真　李　镇　刘　婷

刘玲莉　仇云鹏　王　鹏　王　欣　武思嘉

杨　菲　杨　璐　杨　森　叶成龙　张　艺

赵叶新

# 丛 书 序

实现碳达峰、碳中和目标已成为我国的国家战略。按照这一战略目标,我国将于 2030 年之前达到化石燃料碳排放峰值,即碳达峰;2060 年实现化石燃料净零碳排放,达到碳中和。实现碳中和的两个核心也是决定因素,即碳减排和碳增汇。也就是说,增加生态系统对 $CO_2$ 的吸收(称为碳汇,carbon sink),是减缓大气 $CO_2$ 浓度和全球温度上升、应对全球变暖、实现碳中和不可或缺的途径。因此,研究陆地生态系统碳汇及其分布是全球变化研究的核心议题,也是世界各国极为重视的科技领域。

最近的研究显示,全球陆地生态系统自 20 世纪 60 年代的弱碳源($-0.2Pg\ C/a$; $1Pg=10^{15}g=10$ 亿 t),变化到 21 世纪第一个 10 年的显著碳汇($1.9Pg\ C/a$),说明陆地生态系统在减缓大气 $CO_2$ 浓度升高中的显著作用。然而,受生态系统碳源汇监测手段和模型模拟精度等方面的限制,人们对碳源汇大小及其空间分布的估算尚存在较大的不确定性。特别是以往的研究基于不同方法和技术手段,缺乏统一规范和标准,使得不同研究之间缺乏可比性,从而影响了陆地碳源汇的准确评估和预测,进而影响气候变化政策的制定。因此,构建陆地生态系统碳源汇监测的方法、标准和规范体系,提高碳循环监测数据质量以及数据间的可比性,就显得十分重要和迫切。

鉴于此,我们于 2017 年申报了国家重点研发计划项目"陆地生态系统碳源汇监测技术及指标体系"(2017YFC0503900),并于当年启动实施。该项目的总体目标包括两方面:一是明确现有陆地生态系统碳源汇监测方法和技术规范存在的问题和缺陷,提出并校验碳循环室内模拟和野外控制实验方法,改进碳通量连续观测技术,研编陆地生态系统碳汇监测的方法标准和技术规范;二是通过整合历史数据和本项目的研究结果,构建不同尺度、全组分碳循环参数体系,研发我国陆地生态系统碳源汇模拟系统,阐明碳源汇大小及时空格局。作为实现这个总体目标的表现形式,项目的主要考核指标是出版一套关于陆地生态系统碳源汇监测技术和方法的丛书,其中包括《中国陆地生态系统碳源汇手册》。

经过项目组全体成员 5 年多的共同努力,项目取得了显著进展,达到了预期目标,丛书各册也研编完成。我们把丛书名定为"陆地生态系统碳源汇监测方法与技术丛书",现由 4 分册组成。本丛书通过对以往各类研究方法进行梳理、评价和校验,以及对部分方法的改善、新方法的开发,对陆地生态系统碳源汇的研究方法和技术体系进行了系统总结。需要说明的是,原计划列入丛书的《中国陆地生态系统碳源汇手册》一书,由于其体裁和内容以数据和图表为主,与目前丛书的各册差异较大,用途也有所不同,故没有纳入此丛书中。现将丛书的 4 分册简要介绍如下。

《陆地生态系统碳储量调查和碳源汇数据收集规范》。该分册由王襄平教授和赵霞博士主编,主要介绍样地尺度植被和土壤碳库调查两套技术规范,包括野外样地设置、调查方法、样品分析、碳库估算等各环节的方法和操作规范，以及用于陆地生态系统碳收支研究的文献数据收集规范。

《陆地生态系统碳过程室内研究方法与技术》。该分册由胡水金教授和刘玲莉研究员主编，主要介绍植物碳输入过程研究系统及分析方法；有机碳组分及分解过程研究方法；微生物固持与转化研究系统及技术；土壤微生物群落分析方法；土壤碳的淋溶迁移研究系统；利用光谱研究碳循环的新方法；植物根系在碳循环过程中相关指标的研究方法。

《全球变化野外控制实验方法与技术》。该分册由朱彪教授主编，主要总结近 30 年国内外在全球变化野外控制实验领域的研究成果，比较全面地梳理了野外控制实验的各项技术和相关进展，并结合典型案例介绍了碳循环关键过程对全球变化要素的响应，具体内容涉及大气 $CO_2$ 和臭氧浓度增加、气候变暖、干旱和极端气候事件、氮磷沉降、自然干扰和生物入侵等主要的全球变化要素。

《碳通量及碳同位素通量连续观测方法与技术》。该分册由温学发研究员主编，系统介绍并评述生态系统 $CO_2$ 通量及其碳同位素通量连续观测方法与技术的研究进展与展望。主要内容包括：生态系统 $CO_2$ 及其碳同位素的浓度和通量特征及其影响机制，$CO_2$ 及其碳同位素的浓度与三维风速的测量技术和方法，涡度协方差通量、箱式通量和通量梯度连续观测方法与技术的理论与实践，通量方法与技术在生态系统和土壤碳通量组分拆分中的应用等。

在项目实施和本丛书编写过程中，项目成员和众多研究生做了大量工作。项目专家组成员和一些国内外同行对项目的推进和书稿的撰写提出了宝贵建议和意见。特别是，在项目立项和实施过程中，得到傅伯杰院士、于贵瑞院士、孟平研究员、刘国华研究员、中国 21 世纪议程管理中心何霄嘉博士的悉心指导和帮助；项目办公室朱江玲、吉成均和赵燕等做了大量管理、协调和保障工作；科学出版社的编辑们在出版过程中给予了认真编辑和校稿。在此一并致谢。

最后，希望本丛书能为推动我国陆地生态系统碳源汇研究发挥积极作用。丛书中如有遗漏和不足之处，恳请同行专家与广大读者批评指正。

2022 年 6 月 16 日

于昆明呈贡

# 前　　言

土壤是需要我们重视和保护的自然资源。有充足的历史证据表明，人类文明的兴衰与土壤健康息息相关。土壤在陆地生态系统中可以被看作是一个发挥关键功能的生物系统，土壤的退化或流失会对农业和森林生态系统的生产力，乃至整个陆地生态系统的功能均产生负面的影响。土壤发挥这些功能在很大程度上取决于土壤有机质的含量，其中土壤有机碳是其主要的成分。土壤有机碳的含量对土壤物理、化学和生物性质的影响起着关键作用。此外，土壤也是陆地生态系统中最大的碳库，碳储量超过了大气和植被碳库的总和，土壤有机碳的微小变化将会引起大气中二氧化碳浓度的较大波动。因此，本书试图系统地总结陆地生态系统中土壤碳过程研究的基本原理，梳理土壤有机碳研究的方法，希望对未来土地管理与可持续农业的研究、土壤固碳技术的发展以及相关政策制定提供参考依据。

本书共分为 8 章内容，第 1 章主要介绍土壤有机碳基础知识并强调土壤有机碳对人类生存以及应对全球气候变化的重要性；第 2 章介绍了植物凋落物分解过程中涉及的一些研究手段和分析方法；第 3 章介绍了土壤有机碳的测定、物理化学分组方法以及土壤碳循环相关酶的测定；第 4 章介绍了土壤微生物生物量的测定方法以及菌根真菌对土壤有机碳的影响；第 5 章介绍了土壤微生物群落结构的测定方法；第 6 章介绍了淋溶迁移研究系统在土壤有机碳研究中的应用；第 7 章介绍了红外光谱在土壤有机碳研究中的应用；第 8 章介绍了植物根系对土壤有机碳的影响及植物根系指标的研究方法。

本书的第 1、3 章由叶成龙和胡水金编写，第 2 章由王欣、邓美凤、杨璐、黄俊胜、杨森和刘玲莉编写，第 4 章由仇云鹏、张艺和李镇编写，第 5 章由白彤硕和杨菲编写，第 6 章由冯晓娟、刘婷和贾娟编写，第 7 章由李真、武思嘉和赵叶新编写，第 8 章由王鹏和郭辉编写。全书由胡水金和刘玲莉修订与统稿。在编写过程中，科学出版社的编辑们对本书的内容和框架提出了许多宝贵建议，谨在本书出版之际特向他们付出的努力和奉献表示谢意。

本书的编著得到了国家重点研发计划"典型脆弱生态修复与保护研究"项目"陆地生态系统碳源汇监测技术及指标体系"第二课题"碳循环关键过程机理研究的技术标准和方法（2017YFC0503902）"和南京农业大学人才启动经费（030-804129）的资助。感谢科技部和南京农业大学的资助和支持。

由于时间仓促和作者水平有限，书中难免存在不足之处，敬请各位专家读者不吝赐教。

胡水金

2022 年 10 月

# 目　录

# 第1章  绪  论

当前世界正面临多重挑战，包括粮食安全、环境资源的可持续性以及气候变化。土壤有机碳（soil organic carbon，SOC）作为一种重要的自然资源，不仅有助于粮食生产，还可以缓解气候变化以及改善土壤健康和生态系统功能。然而，土壤有机碳在陆地生态系统中是动态变化的，人类活动的影响可以使土壤有机碳转化为向大气排放温室气体的净源。因此，保持土壤碳库的稳定并且研究增加土壤有机碳库的技术方案对减缓大气二氧化碳浓度的升高和维持农业可持续发展具有重要意义。尽管在理解和解释土壤有机碳动态方面已经取得了重大的进展，但是在区域和全球尺度上保护和监测土壤有机碳的储量仍然面临着复杂的挑战。因此，本书系统总结了陆地生态系统碳过程研究的基本原理和方法，为固碳减排、农田生产力的提升及土壤环境服务改善提供方法上的参考。

## 1.1  陆地生态系统碳循环与土壤碳固定

陆地生态系统碳循环是指碳元素在大气碳库、生物碳库和陆地碳库之间的流动。大气中二氧化碳浓度水平是光合作用固碳和生物呼吸失碳之间平衡的结果。在陆地生态系统中，每年约 1230 亿 t 的碳被初级生产者固定，大约 1200 亿 t 固定的碳通过自养呼吸和异样呼吸又被释放到大气中。因此，工业革命之前，大气中二氧化碳的浓度保持在恒定的状态。然而，化石燃料的开采使用和土地利用方式的转变已经显著增加了二氧化碳的释放总量，显著改变了全球的碳循环。其中，化石燃料的燃烧和土地利用变化每年分别向大气中排放 70 亿～80 亿 t 和 10 亿～20 亿 t 的碳。因此，每年排放到大气中的碳量要高于土壤和植被的固碳量，导致全球碳循环处于不平衡状态（图 1.1）。全球碳收支的失衡直接导致了大气中二氧化碳浓度的持续上升，这是全球变暖的主要驱动力，并进一步导致气候变化反馈响应难以预测。目前，大气中的二氧化碳浓度已经超过 400ppm[①]（Monastersky，2013；IPCC，2014），远远高于工业革命前的 280ppm 水平。因此，深入了解全球碳循环及其与气候变化的相互作用，对我们人类的未来至关重要。

土壤碳库是陆地生态系统最大的碳库，陆地表层 1m 深的土壤中大约含有 15 500 亿 t 的有机碳，超过陆地植被碳库（5600 亿 t）和大气碳库（7800 亿 t）的总和。因此，即使很小一部分的土壤有机碳被分解成二氧化碳释放到大气中，也会引起大气中二氧化碳浓度的显著增加，进一步加速全球变暖。到 21 世纪末，全球平均温度预计会增加 2～7℃，由于大气中温室气体的增加，全球的降雨量和分布也将会发生改变（Wu et al.，2011）。植物光合作用每年固定的碳如果可以在土壤中稳定保存，可以抵消一部分人类活动释放的二氧化碳（King，2011）。陆地生态系统的固碳过程包括大气中的二氧化碳向植物生

---

① 1ppm=$10^{-6}$。

物量和土壤的转移以及有机碳在土壤中的稳定。当前,关于土壤有机碳的固定机制以及预测不同管理措施及环境因素变化对土壤碳库影响的研究,已经成为土壤有机碳研究领域的前沿方向。

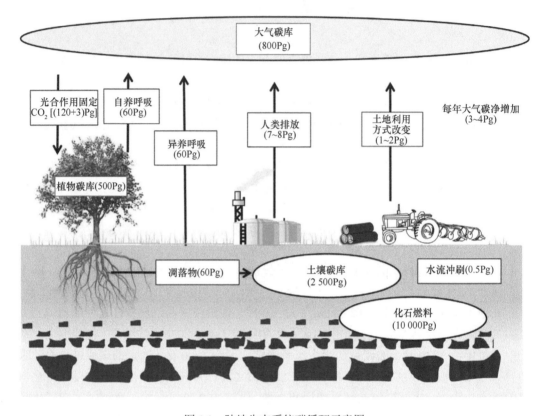

图 1.1　陆地生态系统碳循环示意图

## 1.2　土壤有机碳稳定的维持机制

土壤有机碳的稳定性是指有机碳在土壤中抵抗干扰及微生物分解的能力。由于土壤有机碳的稳定性取决于众多因素的相互作用并且随着不同时空尺度而变化,其全面的稳定机制至今还不能完全明晰。传统观点认为土壤有机碳的固存时间取决于植物凋落物的化学组成和有机碳分子结构的抗降解性。通常,植物残体中的碳水化合物和蛋白质类容易被微生物利用的物质被认为在土壤中最先分解,而木质素等一些难分解组分则在土壤中富集并缩合成难分解的大分子腐殖质而长期存在于土壤中。但随着研究手段的不断进步,一些同位素标记和微生物分解实验表明,所谓顽固的腐殖质可以迅速地被微生物分解(Gramss et al.,1999;Tatzber et al.,2009)。一些被认为易分解的化合物(如糖类物质)甚至可以在土壤中持续存在几十年,而被认为难分解的木质素在土壤中的保留时间短于全土有机碳的保留时间(图 1.2)。此外,腐殖质需要通过强碱提取法从土壤中分离出来,这种提取方法容易破坏有机碳原来的结构(Schnitzer and Monreal,2011)。最近的研究也表明土壤大分子有机物质其实是由小分子有机物自我组装聚合而成(Piccolo,

2001；Sutton and Sposito，2005），且直接的原位观察发现这些大分子组分仅占土壤有机碳很小的一部分（Lehmann et al.，2008；Kleber and Johnson，2010）。因此，这些新的研究证据表明土壤中腐殖质与土壤有机碳的稳定性并不存在显著的联系。

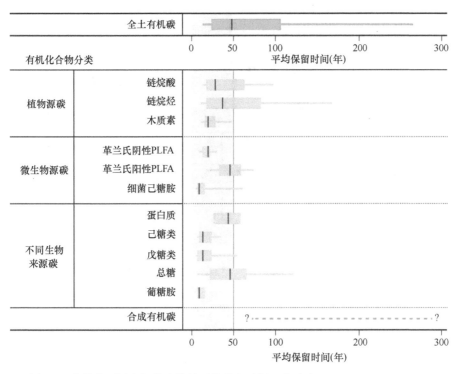

图 1.2　土壤中不同有机化合物的平均保留时间（修改自 Schmidt et al.，2011）

PLFA 代表磷脂脂肪酸（phospholipid fatty acid）；？代表平均保留时间不确定

　　物理和光谱学的发展推动了土壤有机碳稳定性的研究。有机碳稳定的新观点被提出来：土壤有机碳的稳定性不是由有机碳自身内在的物理化学性质决定，而是由有机碳周围的物理化学和生物学性质决定（Schmidt et al.，2011）。因此，土壤有机碳的分子结构不是保证有机碳在土壤中稳定的关键因素。为了提高关于土壤对气候变化、植被类型转变或管理措施改变响应的预测准确度，需要提出与实验观测结果相一致的土壤有机碳新概念模型。

　　土壤有机碳由一系列处于不同分解阶段的有机碎片和微生物产物组成，化学、物理和生物因素共同控制其周转速率（Trumbore，1997）。Lehmann 和 Kleber（2015）根据现有的证据提出了土壤有机碳连续分解模型（图 1.3）。在这个模型中，有机碳以连续的有机碎片存在于土壤中，微生物持续地分解这些有机碎片，将其分解成更小的有机分子。大分子有机碳分解形成的小分子有机碳具有高极性和易电离的特性，从而增加了这些小分子有机碳在水中的溶解度。同时，这些小分子有机碳容易被矿物表面吸附或团聚体包裹，防止其进一步被微生物分解。最新的研究表明，微生物源有机碳是矿物结合有机碳的重要来源（Miltner et al.，2012；Schurig et al.，2013）。吸附的有机碳也有可能从矿物表面脱附、与游离的有机化合物进行交换反应或被生物或非生物降解。此模型还解释了有机碳的周转速率受到微生物、土壤矿物的性质及土壤中其他资源（如氧气）的共同控制。因此，土壤有机碳连续分解模型更好地解释了有机碳在土壤中的动态过程，进一步表明土壤中不存在腐殖化过程或腐殖质，且生物或非生物合成的化学结构复杂性并不是有机碳在土壤中稳定存在的决定因素。总之，土壤有机碳的稳定性是由有机碳分子在土壤中的空间排列状态和土壤周围的环境因子（如温度、水分和矿物）控制的。

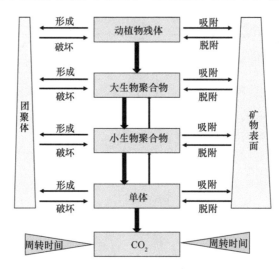

图 1.3　土壤有机碳连续分解模型（修改自 Lehmann and Kleber，2015）

## 1.3　土壤有机碳与生态系统功能

土壤有机碳通过对土壤结构和一些土壤过程的控制，参与植物生产、生物多样性维护及水分蓄持、固碳减排等多种生态系统服务。因此，无论是减缓气候变化，还是提高土壤质量和功能，都与土壤有机碳的数量变化息息相关。土壤碳库保持和稳定与土壤的生态系统功能及生态服务的关系已成为土壤有机碳研究的新热点。

首先，土壤有机质（碳）是作物所需的氮、磷等养分的主要来源。特别是土壤中的氮素，其 95% 以上是以有机状态存在于土壤中。这些养分可直接通过微生物的降解和转化释放出来，供作物和微生物生长发育之需。其次，土壤有机碳是形成土壤水稳性团粒结构不可缺少的胶结物质，有利于促进土壤团粒结构的形成，改善土壤物理性质，从而改变土壤孔隙状况和水气比例，使土壤的透水性、蓄水性、通气性以及根系的生长环境都得到有效改善。土壤有机胶体带有大量负电荷，具有强大的吸附能力，能吸附大量的阳离子和水分，所以土壤有机碳还能提高土壤保肥蓄水的能力和对酸碱的缓冲性。

土壤有机碳是土壤微生物生命活动所需养分和能量的主要来源，没有它就不会有土壤中大部分的生物化学过程。土壤微生物生物量随着有机碳含量的增加而增加。由于土壤有机碳的矿化速率较新鲜植物残体低，因此其可以持久稳定地向微生物提供能源。所以土壤有机碳含量高的土壤，肥力平稳而持久，不易产生作物脱肥现象。土壤有机碳还是许多土壤动物的食物来源。例如，一些蚯蚓专门以土壤中已分解的有机物质为食物，而其通过掘洞、排泄粪便等行为直接改变土壤微生物和植物的生存环境并影响土壤中的一些生物化学过程。

在全球变暖日益严重的今天，土壤有机碳库对减缓气候变化起到至关重要的作用。土壤有机碳通过分解作用产生二氧化碳是土壤碳与大气二氧化碳交换的主要形式，是每年石油等化石燃料燃烧释放的 7～10 倍。土壤不仅可以通过土壤呼吸充当大气二氧化碳的"源"，也可以通过有机碳的净积累成为二氧化碳的"汇"，"源"或"汇"状态取决于土壤碳输入与输出之间的比例。因此，优化土壤碳稳定的土壤有机碳管理和土壤固碳技术成为生态学领域的关键任务。土壤固碳不仅应该服务于气候变化的应对，还应该服务于土壤功能的保持和提升。

# 参 考 文 献

Gramss G, Ziegenhagen D, Sorge S. 1999. Degradation of soil humic extract by wood- and soil-associated fungi, bacteria, and commercial enzymes. Microbial Ecology, 37: 140-151.

IPCC. 2014. Climate Change 2014: Impacts, Adaptation, and Vulnerability. Contribution of Working Group II to the Fifth Assessment Report of the Intergovernmental Panel on Climate Change. Cambridge: Cambridge University Press: 1150.

King G M. 2011. Enhancing soil carbon storage for carbon remediation: potential contributions and constraints by microbes. Trends in Microbiology, 19: 75-84.

Kleber M, Johnson M G. 2010. Advances in understanding the molecular structure of soil organic matter: implications for interactions in the environment. Advances in Agronomy, 106: 77-142.

Lehmann J, Kleber M. 2015. The contentious nature of soil organic matter. Nature, 528: 60-68.

Lehmann J, Solomon D, Kinyangi J, Dathe L, Wirick S, Jacobsen C. 2008. Spatial complexity of soil organic matter forms at nanometre scales. Nature Geoscience, 1: 238-242.

Miltner A, Bombach P, Schmidt-Brücken B, Kästner M. 2012. SOM genesis: microbial biomass as a significant source. Biogeochemistry, 111: 41-55.

Monastersky R. 2013. Global carbon dioxide levels near worrisome milestone. Nature News, 497: 13.

Piccolo A. 2001. The supramolecular structure of humic substances. Soil Science, 166: 810-832.

Schmidt M W I, Torn M S, Abiven S, Dittmar T, Guggenberger G, Janssens I A, Kleber M, Kögel-Knabner I, Lehmann J, Manning D A C, Nannipieri P, Rasse D P, Weiner S, Trumbore S E. 2011. Persistence of soil organic matter as an ecosystem property. Nature, 478: 49-56.

Schnitzer M, Monreal C M. 2011. Quo vadis soil organic matter research? A biological link to the chemistry of humification. Advances in Agronomy, 113: 143-217.

Schurig C, Smittenberg R H, Berger J, Kraft F, Woche S K, Goebel M O, Heipieper H J, Miltner A, Kaestner M. 2013. Microbial cell-envelope fragments and the formation of soil organic matter: a case study from a glacier forefield. Biogeochemistry, 113: 595-612.

Sutton R, Sposito G. 2005. Molecular structure in soil humic substances: the new view. Environmental Science and Technology, 39: 9009-9015.

Tatzber M, Stemmer M, Spiegel H, Katzlberger C, Zehetner F, Haberhauer G, Roth K, Garcia-Garcia E, Gerzabek M H. 2009. Decomposition of carbon-14-labeled organic amendments and humic acids in a long-term field experiment. Soil Science Society of America Journal, 73: 744-750.

Trumbore S E. 1997. Potential responses of soil organic carbon to global environmental change. Proceedings of the National Academy of Sciences, 94: 8284-8291.

Wu Z, Dijkstra P, Koch G W, Peñuelas J, Hungate B A. 2011. Responses of terrestrial ecosystems to temperature and precipitation change: a meta-analysis of experimental manipulation. Global Change Biology, 17(2): 927-942.

# 第 2 章　植物碳输入过程研究系统及分析方法

## 2.1　植物碳输入过程室内模拟方法

### 2.1.1　$^{13}C$ 脉冲标记

植物光合碳是"植物-土壤"系统碳循环的主要驱动力。应用同位素技术，定量研究植物光合碳在植物各组织、土壤中的分配、周转以及转化对于理解全球碳循环具有重要的作用。相比于 $^{14}C$ 放射性同位素标记及 $^{13}C$ 稳定同位素持续标记方法，$^{13}C$ 脉冲标记无辐射安全问题，无需考虑长期维护复杂的、恒定的标记环境（如 $^{13}CO_2$ 浓度），成本相对低（Bromand et al.，2001；Griffiths et al.，2004；Reinsch and Ambus，2013）。$^{13}C$ 脉冲标记方法如下。

将需标记的植物提前移入标记室以适应其环境，在标记前达到稳定状态。标记室温度控制在白天 26～28℃，夜间 22～23℃；光照时间控制在 14h，光照强度控制在 400μmol/(m²·s)；土壤湿度保持在田间持水量的 60%左右（Kuzyakov et al.，1999）。在标记开始之前，将风扇、$CO_2$ 红外分析仪放入标记室，利用氢氧化钠吸收装置将标记室原有的 $^{12}CO_2$ 去除，以提高 $^{13}CO_2$ 的吸收同化率（Griffiths et al.，2004）。用 $CO_2$ 红外分析仪监测标记室内 $CO_2$ 浓度，当其降到 80ppmv①时，往标记室内注入 $^{13}CO_2$。

目前主要有两种注入 $^{13}CO_2$ 的方法。一种为直接注入混有 $^{13}CO_2$ 的空气，如图 2.1 所示。将压缩的标准大气用傅里叶变换红外光谱气体净化器去除 $CO_2$ 后，与 $^{13}CO_2$（99% $^{13}C$）混合均匀，通过流速调节器控制混合气体的 $CO_2$ 浓度，使其接近大气中的浓度（350ppmv），再将其注入标记室。另一种方法为提前在标记室内放入 $Na_2{}^{13}CO_3$ 或 $NaH^{13}CO_3$（99% $^{13}C$），开始标记时往其中加入酸使其释放 $^{13}CO_2$。相对来说，直接往标记室内注入 $^{13}CO_2$ 能更好地控制 $CO_2$ 浓度，保证标记室内 $CO_2$ 浓度接近大气，从而减少 $CO_2$ 浓度差异对植物光合作用、光合同化碳的分配等过程的影响（Hungate et al.，1997；Ostle et al.，2000）。标记时应将风扇开启以保证注入的 $^{13}CO_2$ 均匀分布于标记室内，$^{13}C$ 脉冲标记时间通常为 3～8h。标记结束后利用 NaOH 吸收装置将标记室内未被同化吸收的 $^{13}CO_2$ 去除，同时引入外界空气。

目前，$^{13}C$ 脉冲标记技术被普遍用于生态学研究。例如，Pausch 和 Kuzyakov（2018）对采用脉冲标记技术的研究进行整合分析发现，在草地生态系统中，有 34%的光合碳用于产生地上生物量，16%用于产生地下生物量，5%通过根系分泌进入土壤。

---

① ppmv 指 100 万体积中含 1 体积。

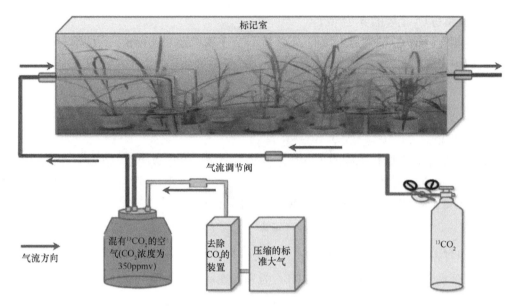

图 2.1　$^{13}$C 脉冲标记系统（改编自 Wang et al.，2016）

### 2.1.2　C₃/C₄植物-土壤系统

在陆地生态系统中，植被由约 95% 的 C₃ 植物与 5% 的 C₄ 植物构成（Still et al.，2003）。C₃ 和 C₄ 植物由于光合途径的不同，存在显著的 C 同位素分馏作用，因此其光合产物的 $^{13}$C 丰度存在明显的差异（Balesdent et al.，1987）。一般来说，C₃ 和 C₄ 植物的光合产物中 $\delta^{13}$C 值分别约为 −27‰（−40‰～−23‰）和 −12‰（−19‰～−9‰）。植物 C 是土壤碳库的主要来源，因此土壤的 $\delta^{13}$C 值能够反映植被的 $\delta^{13}$C 值。C₃ 植物系统中的土壤（即 C₃ 土壤）$\delta^{13}$C 值为 −29‰～−24‰，而 C₄ 植物系统中的土壤（即 C₄ 土壤）$\delta^{13}$C 值为 −14‰～−12‰。利用这种天然的 $^{13}$C 丰度差异，通过在 C₃ 土壤种植 C₄ 植物，或在 C₄ 土壤种植 C₃ 植物，能够很好地研究植物新输入土壤的 C 与土壤中原有的 C 的周转（Cheng，1996；Kuzyakov and Domanski，2000）。这种方法与 $^{13}$C 稳定性同位素标记方法和 $^{14}$C 放射性同位素标记方法相比，其标记自然均一，无辐射安全问题，且无需进行标记操作（Cheng，1996），成为生态学研究中常用的方法之一。

利用 C₃/C₄ 植物-土壤系统，能够划分土壤呼吸的不同组分，区分土壤有机碳的来源以及探究土壤有机碳的周转（Cheng，1996；Kuzyakov and Domanski，2000；Zang et al.，2018）。以在 C₃ 土壤中种植 C₄（如玉米）植物为例，将 C₃ 土壤中的植物去除后，种植 C₄ 植物。在 C₄ 植物生长过程中，应及时将新长出的 C₃ 植物拔除，从而保证植物新输入的 C 都来源于 C₄ 植物。

通过测定土壤呼吸产生的 CO₂、原有土壤（即 C₃ 土壤）以及 C₄ 植物的 $\delta^{13}$C 值，可计算 C₃ 土壤有机碳分解产生的 CO₂ 占土壤呼吸的比例（$f_{\mathrm{RC_3}}$）。计算公式如下：

$$f_{\mathrm{RC_3}} = (\delta^{13}\mathrm{C_{Rt}} - \delta^{13}\mathrm{C_{4P}}) / (\delta^{13}\mathrm{C_{3S}} - \delta^{13}\mathrm{C_{4P}}) \tag{2.1}$$

式中，$\delta^{13}\mathrm{C_{Rt}}$ 为在种植 C₄ 植物 $t$ 年后土壤呼吸产生的 CO₂ 的 $\delta^{13}$C 值，$\delta^{13}\mathrm{C_{4P}}$、$\delta^{13}\mathrm{C_{3S}}$ 分

别为 $C_4$ 植物与 $C_3$ 土壤的 $\delta^{13}C$ 值。

通过测定种植 $C_4$ 植物后土壤的 $\delta^{13}C$ 值、$C_3$ 土壤以及 $C_4$ 植物的 $\delta^{13}C$ 值，可计算土壤有机碳中来源于 $C_4$ 植物 C 的比例（$f_{C_4}$）。计算公式如下：

$$f_{C_4}=(\delta^{13}C_{St}-\delta^{13}C_{3S})/(\delta^{13}C_{4P}-\delta^{13}C_{3S}) \tag{2.2}$$

式中，$\delta^{13}C_{St}$ 为在种植 $C_4$ 植物 $t$ 年后土壤的 $\delta^{13}C$ 值，$\delta^{13}C_{3S}$、$\delta^{13}C_{4P}$ 分别为 $C_3$ 土壤与 $C_4$ 植物的 $\delta^{13}C$ 值。

通常情况下，土壤有机碳的分解动态被认为遵循一阶指数函数。在稳定状态的条件下，土壤有机碳的周转速率（$\tau$）可通过指数函数计算 $C_3$ 土壤有机碳的变化率得到（Gregorich et al.，1995；Zang et al.，2018）。计算公式如下：

$$\tau=-\ln(1-f_{C_4})/t \tag{2.3}$$

式中，$t$ 为种植 $C_4$ 植物后的时间，$f_{C_4}$ 为土壤有机碳中来源于 $C_4$ 植物 C 的比例。

土壤有机碳的平均保留时间（MRT）为周转速率的倒数，从而可得

$$MRT=1/\tau \tag{2.4}$$

目前，$C_3/C_4$ 植物-土壤系统被广泛用于研究土壤有机碳的周转与分解。例如，Cheng（1996）在一个短期温室实验中，利用 $C_3$ 植物-$C_4$ 土壤的方法成功地区分了来自根际呼吸的 $CO_2$ 和来自土壤本底有机碳分解的 $CO_2$。Zang 等（2018）利用 $C_4$ 植物-$C_3$ 土壤的方法计算出草地表层土壤（0~10cm）的平均滞留时间为 19 年，较深层土壤的为 30~152 年。

### 2.1.3 实证研究：初始土壤有机碳含量影响草地生态系统碳的存储及周转

为了评估土壤有机质（soil organic matter，SOM）含量如何影响植物碳在土壤中的转化过程及其稳定性，我们开展了温室控制实验，主要通过建立 $C_4$ 植物-$C_3$ 土壤系统，利用自然稳定性同位素方法追踪植物碳（包括凋落物和根系）在土壤中的输入与转化（Xu et al.，2018）。实验用的土壤取自中国内蒙古自治区多伦县的典型草原（42°2′N，116°17′E），根据不同的质量百分比混合自然风干土壤和火烧土（去除土壤有机碳和氮）设置 6 个初始土壤有机质梯度（S0，100%火烧土；S20，80%火烧土+20%风干土；S40，60%火烧土+40%风干土；S60，40%火烧土+60%风干土；S80，20%火烧土+80%风干土；S100，100%风干土。从 S0 到 S100，SOM 含量不断增加）。实验用的植物为糙隐子草（*Cleistogenes squarrosa*），是内蒙古温带草原的一种典型的 $C_4$ 植物，其凋落物和根系的 $\delta^{13}C$ 值分别为−14.1‰和−15.7‰，显著高于土壤的 $\delta^{13}C$ 值（−23.8‰）。除了土壤有机质梯度，实验还包括以下四个处理：①种植糙隐子草（plant）；②向土壤中添加糙隐子草凋落物（litter）；③种植植物和添加凋落物（plant+litter）；④对照，既不种植植物也不添加凋落物（control）。我们利用糙隐子草植物（或凋落物）和土壤碳的 $\delta^{13}C$ 值的差异计算储存在土壤中的新碳量，用以下方程来划分土壤碳的不同来源。

$$C_n=C_t[(\delta_t-\delta_s)/(\delta_p-\delta_s)] \tag{2.5}$$

式中，$C_n$ 指来自凋落物或根输入的碳形成新碳的量；$C_t$ 指实验结束时土壤中的总碳含量；$\delta_t$ 指总土壤碳库（$C_t$）的 $\delta^{13}C$ 值；$\delta_s$ 指初始土壤的 $\delta^{13}C$ 值；$\delta_p$ 指糙隐子草凋落物或根系的 $\delta^{13}C$ 值（Cheng，1996）。凋落物碳储存效率（litter C storage efficiency，CSE）由来自凋落物的土壤新碳与已分解的凋落物碳量的比值获得（Stewart et al.，2007）。高的凋落物碳储存效率意味着更多分解的凋落物碳储存在土壤中，而不是以 $CO_2$ 的形式释放到大气中。

研究结果发现，在不同土壤有机质梯度下，凋落物添加和种植植物都显著促进了土壤新碳的形成（图 2.2A）。在有活根存在的情况下，现存土壤碳的矿化速率在不同土壤有机质梯度下均显著增加，而凋落物添加对矿化速率无显著影响（图 2.3B）。在有植物存在的处理（种植植物、凋落物、种植植物+凋落物）中，土壤的矿化速率和土壤新碳的形成量呈正相关（图 2.2C）。在实验结束时，土壤净碳含量变化在不同土壤有机质梯度下并无显著差异，但凋落物添加处理显著提高了土壤的净碳含量，种植植物处理则对土壤净碳含量没有显著影响（图 2.2D）。此外还发现，在土壤有机质含量较低的处理中凋落物碳储存效率也较低（图 2.3）。这些结果表明，随着土壤有机质含量的增加，植物生长加快，土壤微生物活动增强，使得微生物固定更多植物来源的碳（plant-derived C），促进土壤中新碳的形成。

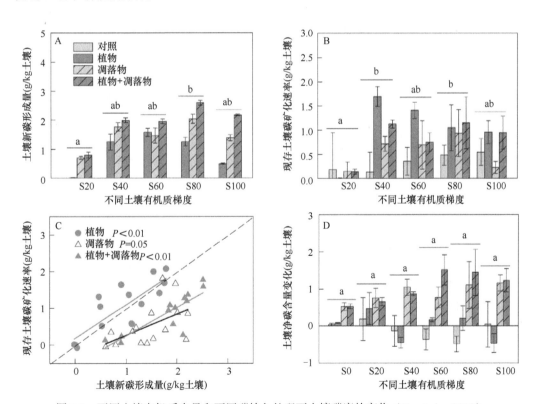

图 2.2 不同土壤有机质含量和不同碳输入处理下土壤碳库的变化（Xu et al.，2018）

A. 土壤中新碳形成；B. 现存土壤碳矿化速率；C. 土壤新碳形成量和现存土壤碳矿化速率之间的关系；D. 土壤净碳含量变化。不同小写字母代表不同处理间差异显著（$P<0.05$），全书余同

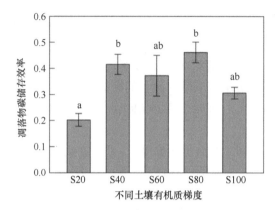

图 2.3　不同土壤有机质梯度下凋落物碳储存效率的变化（Xu et al.，2018）

# 2.2　植物碳输入过程生物化学分析方法

## 2.2.1　凋落物生物量的测量方法

凋落物是植物枯死残体的统称，常见的凋落物有叶片凋落物、枝条凋落物和根系凋落物等。凋落物是土壤微生物最重要的能量和物质来源之一，其通过分解作用不仅影响生物圈与大气圈的碳通量，还能调控生态系统养分循环（Handa et al.，2014）。植物不同组织在衰老凋落过程中，主要受内部和外部环境两个因子的影响。内部因子主要包括繁殖和激素调控，如细胞分裂素、植物生长素、脱落酸等；而外部环境因子主要包括紫外辐射、养分限制、极低温或极高温、干旱、病原体侵染和牲畜践踏等（Lim et al.，2007）。植物在内外因子的影响下，其光合产物通过凋落物的形式脱离母体。据估测，在陆地生态系统中，超过 50%的净生产力可通过凋落物分解的方式返回至土壤中（García-Palacios et al.，2013）。因此，准确地估量不同来源的凋落物对了解全球碳通量和养分循环尤为重要。因植物地上组织和地下组织凋落位置不同，估测两者生物量的方法也存在差异。

### 2.2.1.1　地上叶片和枝条凋落物测量方法

叶片和枝条凋落物生物量常用两种方法进行估测（Ravindranath and Ostwald，2008）。

1）产量测量法：估测每年叶片和枝条的凋落物生物量是个较为复杂和冗长的过程，其中涉及下面几个步骤。

首先，选择凋落物取样点的土地利用类型、层面和具体位置；其次，在森林或是人工林中，安装一定数量方形或圆形的凋落物收集框，并保护它们确保多年内不受损伤；再次，每个月定期从样地中收集凋落物框中的凋落物，并区分叶片和枝条凋落物，烘干后再称量干重；最后，推测和计算每年每公顷的叶片和枝条凋落物生物量。

2）库存变化法：此方法是在样地小区两个不同的时间点，分别测量叶片和枝条凋落物的库存，再通过两个时间点测量出的差值计算得出凋落物的库存变化量。具体测量步骤如下。

首先，选择测量树木生物量的样地，再收集和称量样地中所有掉落的叶片和树枝，并测量叶片和树枝的干重；其次，在两个时间点重复测量，并计算两次时间点测量的差值；最后，推测样地每公顷的叶片和枝条凋落物库存。

#### 2.2.1.2　地下根系凋落物测量方法

根系凋落物是埋藏于土壤中的死根，测量过程中，首先需要区分活根和死根，因此，根系凋落物的测量难度较大。根系凋落物生物量的测定中，活根和死根的辨认比较关键。活根和死根可以从恢复力、弹性和颜色方面加以区分（Uselman et al.，2007）。相较于活根，死根易脆，更容易被折断。活根在颜色上更为鲜亮，呈白色或红色，而死根颜色较暗。此外，为了校准视觉和物理上的判断，根的活性还可以通过氯化三苯四唑染色法加以区别，通过立体显微镜在染色之前和之后的观测进行校正。根系凋落物具体测定方法有下面两种。

1）内生长土芯法：用以测定细根凋落物生物量（Uselman et al.，2007）。具体步骤如下：首先，每个样地中，用一定内径的土钻随机钻取数个一定深度的土芯，并将孔径为 1.5mm×1.5mm 的玻璃纤维网放置在土洞中；其次，将过筛的无根土填入纤维网中至土壤表面，并使填充土的密度与原先土壤密度保持一致；再次，定期取出土芯，如一年之后取出，再测定不同深度土柱的细根凋落物（死根）生物量；最后，通过土柱的半径，计算细根凋落物在不同土壤深层的年生物量。

2）挖掘测重法：此方法需要从给定的土壤深度中挖掘给定容量的土，一般取表层 30cm 的土层，因为这个深度是大部分细根的分布区。这个方法的具体步骤如下（Ravindranath and Ostwald，2008）：首先，用一定直径的土钻挖掘选定深度的土壤，再转移土钻上土样，分离出土壤中的根，并进一步区分死根和活根；其次，测定死根的干重；最后，根据土钻容量与单位面积之比，推测根系凋落物生物量。

### 2.2.2　凋落物化学组分分析

凋落物化学组分是影响凋落物分解过程最主要的调控因素之一。除了本身分子结构导致的分解难易程度不同，凋落物化学组分还会影响土壤中微生物的活性及类群，进而影响凋落物的分解过程。凋落物化学组分大致可分为以下三类：①易分解的代谢化合物（labile metabolic compound），如可溶性糖和氨基酸；②中等易分解的结构性化合物（moderately labile structural compound），如纤维素和半纤维素；③难分解的结构性化合物（recalcitrant structural compound），如木质素和角质。与分解缓慢的凋落物相比，分解快速的凋落物通常具有较高浓度的可溶性化合物和较低浓度的结构性化合物。此外，凋落物中的一些抵御性次生代谢物（如多酚类物质）对微生物有毒性作用，会降低土壤中的微生物活性。多酚类物质还可以与底物或酶结合形成复合物，从而抑制分解酶的活性，减缓分解速率。

本小节将对 6 种常用的凋落物化学组分（可溶性糖、可溶性脂质、可溶性酚类、聚合单宁酸、半纤维素、不溶于酸的木质素）的湿化学分析方法进行介绍。

### 2.2.2.1 可溶性糖和脂质含量的测定

植物体内的可溶性糖（soluble sugar）主要指能溶于水及乙醇的单糖和寡聚糖。糖类在浓硫酸的作用下会脱水生成糠醛或羟甲基糠醛。这些物质能与苯酚反应产生橙红色化合物，并在490nm波长下有最大吸收峰。因此可采用比色法测定糖类含量。苯酚法灵敏度高，产生的颜色稳定时间较长，并且实验过程中基本不受蛋白质存在的影响。

脂质（lipid）又称脂类，是脂肪及类脂的总称，这是一类不溶于水而易溶于脂肪溶剂（醇、醚、氯仿、苯）等的物质。可以利用氯仿提取出脂类，蒸发掉其中的氯仿后，剩下的残余物称重，即为脂类的重量。

本方法以甲醇氯仿水混合液作为提取液，可同时提取样品中的糖类和脂质。具体的实验步骤如下。

**1. 所需试剂**

1）甲醇氯仿水混合液：甲醇：氯仿：水为12：5：3。在通风橱中，将600ml甲醇、250ml氯仿和150ml水在锥形瓶中混合均匀，并转移到分液器中。

2）苯酚（用水配成5%）：按如下比例量出水和苯酚，直接倒入分液器的瓶中，用磁力搅拌器混合均匀。

| 苯酚 | 水 |
|------|------|
| 5g | 95ml |
| 15g | 285ml |
| 30g | 570ml |

注意氯仿、苯酚有剧毒，务必戴手套、护目镜和穿实验服，在通风橱中进行操作。若称量固体酚，则将天平放在通风橱中进行；如果是液体酚，则用带刻度的量筒量取。

3）葡萄糖标准溶液："A"——50mg葡萄糖+500ml去离子水；"B"——100mg葡萄糖+500ml去离子水。

**2. 操作步骤**

（1）提取

将植物组织磨成粉末，取约25mg样品（干重）放入试管中，并记录样品重量。用分液器加2ml甲醇氯仿水的混合液到样品中，用离心机最大转速离心5min，分离出上清液。将分离出的上清液用吸管移出，保存在之前称重过的试管中（为"之前"试管重量）。每个样品对应一个特定的吸管。重复上述提取过程2次，总共得到6ml上清液。

向上清液中加入2ml水并在旋涡混匀器上混匀。然后用铝箔纸盖住试管架，并放置于冰箱内过夜。提取出的上清液将分为两个部分：上部的水和甲醇混合液（提取出的物质为糖类）与下部的氯仿溶液（提取出的物质为脂类）。

（2）测定

A. 糖类含量测定

从上部上清液的中间位置取出200μl作为样品测定其糖类含量。加入800μl水和1ml苯酚溶液（5%水溶液），再加入5ml浓硫酸并在旋涡混匀器上混匀。静置30min，在分光光度计中测量 490nm 处的吸光值。分光光度计的空白对照为 1ml 水、1ml 苯酚及 5ml 浓硫酸，空白对照必须有静置 30min 的过程。

将上部上清液用吸管转移至 10ml 带刻度的量筒里，以测量糖类提取液的体积，并记录（记得加上之前步骤测量使用的 200μl 样品）。小心操作以得到尽量多的上部上清液，并且避免取到任何下部的液体。

建立糖类含量的标准曲线：按表 2.1 用双蒸水和葡萄糖溶液建立标准曲线。

表 2.1　糖类含量标准曲线的建立

| 双蒸水（ml） | 葡萄糖标准溶液（ml） | 葡萄糖浓度（μg/ml） |
| --- | --- | --- |
| 1.0 | A 0.0 | 0 |
| 0.8 | A 0.2 | 20 |
| 0.6 | A 0.4 | 40 |
| 0.4 | A 0.6 | 60 |
| 0.2 | A 0.8 | 80 |
| 0.0 | A 1.0 | 100 |
| 0.4 | B 0.6 | 120 |
| 0.3 | B 0.7 | 140 |
| 0.2 | B 0.8 | 160 |
| 0.1 | B 0.9 | 180 |
| 0.0 | B 1.0 | 200 |

将不同浓度的葡萄糖溶液（1ml）加入 1ml 苯酚、5ml 浓硫酸，并在旋涡混匀器上混匀，静置 30min。用分光光度计测量 490nm 的吸光值。每组均重复 10 次。根据标准曲线，算出样品提取液中的葡萄糖含量（μg/ml）。

样品中可溶性糖含量（%）按下面的公式进行计算：

$$可溶性糖含量（\%）=\frac{葡萄糖含量（μg/ml）\times 溶液体积（ml）\times 稀释系数（5）\times 0.10}{样品干重（mg）}\times 100$$

（2.6）

注意：计算可溶性糖含量时，溶液体积使用上部上清液（即糖类提取物）的体积。

B. 脂类含量测定

为了蒸发去除氯仿，将装有下部上清液（脂类提取液）的试管放在通风橱里，并将通风管道对准试管。打开空气阀门，使气流速度较慢，过夜干燥。干燥后记录各个试管的干重，记为"之后"试管重量。按下列公式计算样品中可溶性脂类的含量（%）：

$$可溶性脂类含量（\%）=\frac{"之后"试管重量（mg）-"之前"试管重量（mg）}{样品干重（mg）}\times 100$$
（2.7）

#### 2.2.2.2　可溶性酚类含量的测定

酚类是广泛存在于植物体内的一类防御性次生代谢物。在碱性条件下，酚类物质可以将福林-乔卡尔特马（Folin-Ciocalteu）试剂（又称福林-酚试剂）中的磷钼酸还原，产生蓝色化合物。在一定条件下，蓝色深度与酚类的量成正比。因此可采用比色法测定植物组织中可溶性酚类的含量。近年来，随着新技术高效液相色谱法（high performance liquid chromatography，HPLC）的发展，准确测定混合物中单一物质的含量成为可能。福林-酚法因此受到了较多的质疑。然而 HPLC 并不能测出总酚类的含量，福林-酚法依然是最实用的方法。

操作步骤如下。

称取 50mg 植物粉末，放入离心管中，加入 1.5ml 70%丙酮。130r/min 振荡 30min 后，4000r/min 离心 10min。用一次性吸管取出上清液，并存放在预先标记的离心管中。在剩余的残渣中加入 1ml 70%丙酮，振荡，离心，取出上清液（此步骤重复 3 次）。上清液在 4℃避光保存，以便进行下一步的分析。

从离心管的样品中取 100μl 样品放入试管。用 70%的丙酮按 1∶5 的比例稀释样品。取 50μl 稀释液放入离心管中，加入 0.475ml 0.25 N① 的 Folin-Ciocalteu 试剂（Sigma F9252），振荡 3min。然后再加入 0.475ml 1mol/L Na$_2$CO$_3$，盖上离心管，放置显色，1h 后进行吸光值测定。

放置 1h 后，在 724nm 下测定溶液的吸光值。空白对照为 50μl 70%丙酮+0.475ml 0.25 N 的 Folin-Ciocalteu 试剂+0.475ml 1mol/L Na$_2$CO$_3$ 溶液。可溶性酚类含量用儿茶素（catechin）当量表示，即用儿茶素标准品建立标准曲线。

建立标准曲线的步骤如下。

用 70%丙酮配制儿茶素标准母液（1mg/ml）。按表 2.2 用 70%丙酮和母液配制不同浓度的儿茶素标准溶液。

表 2.2　儿茶素标准曲线的建立

| 儿茶素含量（μg） | 母液（μl） | 70%丙酮（μl） |
| --- | --- | --- |
| 0 | 0 | 500 |
| 50 | 50 | 450 |
| 100 | 100 | 400 |
| 150 | 150 | 350 |
| 200 | 200 | 300 |
| 250 | 250 | 250 |

取 50μl 标准液放入试管中。每个浓度 3 个重复。将每个标准溶液都加入 0.475ml 0.25 N 的 Folin-Ciocalteu 试剂混匀，再加入 0.475ml 1mol/L 的 Na$_2$CO$_3$ 溶液。1h 以后在 724nm 处测吸光值。

如果样品中可溶性酚类浓度太高，超出上述标准曲线的浓度范围，可通过配制 2mg/ml 母液，按 1∶5 或 1∶10 的比例稀释，来延长标准曲线。

### 2.2.2.3　聚合单宁酸含量的测定

单宁酸是植物重要的次生代谢产物，为一类具有生物活性的高分子多元酚类化合物。单宁酸因其独特的化学性质和生理特性，成为植物重要的防御性物质，其在植物与食草动物的相互作用中起重要作用。目前测定单宁酸的方法主要有分光光度法、高效液

---

① N 表示当量浓度，是溶液浓度的一种表示法，即溶液的浓度用 1L 溶液中所含溶质的克当量数来表示。

相色谱法、滴定法等。分光光度法是测定单宁酸的经典方法之一，具有快速、简捷等优点，因此其应用最为广泛。

**1. 植物萃取单宁酸的实验**

（1）试剂准备

美国化学协会（American Chemical Society，ACS）标准的丙酮；10mmol/L 维生素 C（抗坏血酸）；70% 丙酮和 10mmol/L 抗坏血酸的混合液（700ml 丙酮+1.761g 维生素 C）：用带刻度的量筒量出特定体积的丙酮和去离子水，放入 1000ml 长颈瓶中。加入维生素 C 并用玻璃棒混匀。用铝箔和封口膜盖上。置于室温。

（2）萃取过程

按表 2.3 将冷冻干燥、研磨后的植物组织称出一定量放入螺旋盖培养管中，并记录实际重量（精确到 0.1mg）。加入 1ml 冰的 70% 丙酮和 10mmol/L 抗坏血酸混合液（用分液器准确设定 1.0ml），盖上管盖。经 4℃ 超声波处理 30min，并用干净的雪或冰使超声波仪器温度保持在 4℃。在离心机中以 2000r/min 离心 10min 后，转移上清液至做好标记的小玻璃瓶（7ml），不要碰触残留物，保持提取物在每个步骤之间处于低温状态。

表 2.3　浓缩单宁酸提取过程中不同样品类型的重量

| 样品类型/培养条件 | 重量（mg） |
| --- | --- |
| 白杨叶，野外 | 25～30 |
| 糖枫叶，野外 | 25～30 |
| 白杨根，野外 | 50～100 |
| 枫树根，野外 | 50～100 |
| 桦树根，野外 | 50～100 |
| 白杨叶凋落物，腐烂 | 100 |
| 枫树叶凋落物，腐烂 | 100 |
| 白杨叶凋落物，新鲜 | 75～100 |
| 枫树叶凋落物，新鲜 | 75～100 |

用 1ml 冰的 70% 丙酮和 10mmol/L 抗坏血酸混合液重复上述过程 3 次，总共得到四份 1ml 的提取物。在第四次超声之后，将 3ml 提取物从小瓶中移至旋盖的培养瓶中，每个样品使用各自单独的巴斯德移液器。离心，各取 4ml 存放至用封口膜严格密封的小瓶中。然后保存样品，在冰箱中存储，并在两周内分析完成。此外，残留物还可保存用于半纤维素分析。

注意事项如下。

这个过程是在浓缩单宁酸和栲单宁；如果有必要，可将残留物冰冻过夜，并于第二天完成提取；样本必须随时都盖好盖子以防丙酮蒸发造成损失，同时，所有液体必须在提取完成后收回；用肥皂和水清洗超声仪，每次使用后用去离子水清洗；每个样品使用不同的一次性吸量管，若有棉塞则预先用镊子去除，若样品在过程中有损失则需从头再来。

**2. 聚合单宁酸含量测定**

（1）试剂准备

正丁醇；盐酸；硫酸铁铵；丙酮；抗坏血酸。单宁酸的参考标准：白杨、糖枫、桦树单宁酸或白坚木单宁酸。

酸性丁醇（acid butanol）混合液，其以正丁醇和浓盐酸按照 19:1 的比例混合而成；铁试剂，在带刻度的烧瓶中将 16.6ml 酸加入 75ml 水中，待其冷却后，用去离子水将其体积加至 100ml（必须是水加入酸），只取其中 25ml，将 0.5g 硫酸铁铵再加入其中，于杯中避光保存；白杨树样品的溶解，将 5~10mg 纯化的白杨木溶解在适量的 70%丙酮内，加入 10mmol/L 抗坏血酸使其浓度达到 0.25mg/ml。将其密封至不透明的容器内冰冻，可保存数天。

（2）实验过程

按照上述萃取植物单宁酸的过程萃取植物样品，并准备 8ml 容积的一次性培养管，按下列顺序加入试剂：首先加入 150μl 植物萃取样品，然后加入 70%丙酮/抗坏血酸，并定容至 500μl，混匀；再依次加入 3.0ml 酸性丁醇和 100μl 铁试剂。

将混合液在旋涡混匀器上混匀 3s，轻轻盖上盖子（盖得松一些），沸水浴 50min，小心控制水面不要漫过管口。同时需要做空白对照，空白对照需要添加 500μl 的 70%丙酮/抗坏血酸+3ml 酸性丁醇+10μl 铁试剂（做不做沸水浴都可以）。沸水浴结束后，在凉水中冷却，谨记不要让外部水进入管内！最后，在 550nm 条件下使用分光光度计测定样品的吸光值，并设置空白组的吸光值为 0。实验结束后，每两天清洗一次水浴锅。

注意事项如下。

不同的样品可能需要加入不同体积以获得好的 $A_{550}$，若某些样品的 $A_{550}$ 不好，则可减少样品加入的体积（表 2.4）；酸性丁醇非常易挥发且有毒，操作一定要在通风橱内，并且放置在尽量远的位置；不同批的铁试剂会对实验结果有轻微影响，一次实验尽量用同一批配制的铁试剂；叶绿素等色素会对结果产生干扰，在加热前观察是否有色素混入；

表 2.4　聚合单宁酸提取过程中不同样品类型的体积

| 样品类型/培养条件 | 体积（μl） |
| --- | --- |
| 白杨叶，野外 | 150 |
| 糖枫叶，野外 | 150 |
| 白杨根，野外 | 300 |
| 枫树根，野外 | 300 |
| 桦树根，野外 | 300 |
| 白杨叶凋落物，腐烂 | 300~500 |
| 枫树叶凋落物，腐烂 | 300~500 |
| 白杨叶凋落物，新鲜 | 100~150 |
| 枫树叶凋落物，新鲜 | 100~150 |
| 土壤溶液提取物 | 200~300 |

水浴锅加热到 100℃需要较长的时间，记得提前开启水浴锅，同时也要准备大量热水以备水烧开后变少时加入补充水位线。

颜色发展是依靠时间和温度的，水浴必须保证从 100℃开始，时间严格控制在 50min，注意该过程要在通风橱内完成，并且保证水浴锅内水位线高过液面；酸性丁醇混合物易蒸发且有毒，分光光度计测量要在通风橱内进行，需要穿防护服，戴护目镜、乳胶手套，空试管用完后要在通风橱内浸没在肥皂水中；白坚木单宁酸反应较慢，所以它的加入量要比较大；每次更换新的铁试剂都要重新画出标准曲线。

（3）标准曲线的建立

1）白杨木中单宁酸的标准曲线：可根据下列操作流程绘制 3 份标准曲线，先按表 2.5 配制标准液。

表 2.5　白杨木单宁酸标准曲线的建立

| 单宁酸含量（μg） | 单宁酸体积（μl） | 70%丙酮/抗坏血酸 |
|---|---|---|
| 0（空白） | 0 | 500 |
| 10 | 40 | 460 |
| 20 | 80 | 420 |
| 30 | 120 | 380 |
| 50 | 200 | 300 |
| 70 | 280 | 220 |

用分液器加入 3ml 酸性丁醇，用旋涡混匀器混匀，然后加入 100μl 铁试剂。重复上述步骤，最后记录标准参照及 550nm 处吸光值。

2）白坚木单宁酸的标准曲线：根据表 2.6 的比例绘制 3～4 份标准曲线。

表 2.6　白坚木单宁酸标准曲线的建立

| 单宁酸含量（μg） | 单宁酸体积（μl） | 70%丙酮/抗坏血酸 |
|---|---|---|
| 0（空白） | 0 | 500 |
| 50 | 50 | 450 |
| 100 | 100 | 400 |
| 150 | 150 | 350 |
| 200 | 200 | 300 |

用分液器加入 3ml 酸性丁醇，在旋涡混匀器上混匀，然后加入 100μl 铁试剂。重复上述步骤，最后记录标准参照及 550nm 处吸光值。

（4）计算

将数据绘制成图，检查线性度，建立回归方程。先计算单宁酸含量，再计算每微升中单宁酸的微克数，转换单位为 mg/ml。再计算样品中单宁酸总量和单宁酸百分比。

$$浓缩单宁酸含量（\%）=浓缩单宁酸重量（mg）/植物干重（mg）×100 \qquad (2.8)$$

（5）化学试剂的最终处理

酸性丁醇使用苏打中和，倒入废液桶；丙酮倒入单独标明"丙酮"的废液桶；铁试剂可以直接倒掉。

#### 2.2.2.4 半纤维素含量的测定

半纤维素作为纤维结构中的重要组分，其所含种类多样化，成为凋落物分解动态特征的重要指标。半纤维素不同单糖降解引起的质量损失发生在不同时期，如阿拉伯聚糖和半乳聚糖的降解在凋落物形成后立即发生，而甘露聚糖和木聚糖的降解发生在凋落物分解一年到一年半后。半纤维素的具体测定步骤如下。

**1. 准备实验试剂**

实验前，需准备如下实验试剂：①10% KOH；②乙醇乙酸混合液（乙醇-4mol/L 乙酸）：用 23ml 冰醋酸（17.4 当量）和 77ml 纯乙醇混合。

**2. 实验步骤**

将浓缩单宁酸过程中丙酮提取后的残留物进行干燥，称重，然后放入干净的试管中。称重圆锥形离心管，然后加 2ml 10% KOH 溶液，混匀，30℃水浴 24h。高速离心 10min 后，将上清液倒入装有 20ml 冰的乙醇乙酸混合液的 50ml 圆锥形离心管。残留物用 2ml 去离子水洗 2 次，上清液倒入乙醇乙酸混合液中。

将乙醇乙酸混合液-半纤维素混合物放在-20℃冰冻 24h，促使溶解的半纤维素沉淀出来。4500r/min 离心 5min 后，倒掉上清液。再用 2ml 纯乙醇将沉淀洗 2 次，将半纤维素放入事先称重过的试管并用纯乙醇洗净。在 65℃烘箱下烘干，称重。

#### 2.2.2.5 不溶于酸的木质素含量的测定

木质素是陆地植物合成物中最丰富的一种有机物，其含量仅次于纤维素，占每年植物碳汇的近 30%。木质素通过多种键合方式将其基本结构单元连接为无规则、高度分支且水不溶性的高分子聚合物，从而难以被微生物分解利用。一般来说，木质素含量越高，分解速率越低，故而木质素含量、木质素/氮等指标广泛用于凋落物分解的预测。此外，木质素在光分解中起重要作用，其通过有效吸收大范围的光波从而更容易被分解。无论是对于陆地生态系统碳循环中的生物过程还是非生物过程，木质素都是了解凋落物分解的关键化合物。酸不溶木质素的测量是利用浓硫酸水解样品中的非木质素部分，剩下的残渣即为木质素。此测量方法是基于直接估算总样品量中分离的残留木质素的量，具体实验操作步骤如下（样品在不同容器间的称量和转移必须非常精确）。

**1. 准备实验试剂**

实验前，需准备如下实验试剂：①5%和 72%（$m/m$）的 $H_2SO_4$；②MCW 试剂，此试剂是以甲醇、氯仿和水按照 2.0∶1.0∶0.8（53%∶26%∶21%）的比例配制而成；③50%甲醇（MeOH）；④PAW 试剂，此试剂是以液态酚、乙酸和水按照 2.0∶1.0∶0.9（51%∶25%∶24%）的比例配制而成。

### 2. PAW 植物组织萃取

将 1.5ml 的螺旋盖微型离心管称重（$W_1$），再将磨碎冻干的组织过 0.5mm 筛后，称取 50mg 的组织样品，放入微型离心管中。用 1ml 50%甲醇萃取离心管中样品 3 次（保留上清液用于 HPLC 测定），在 Fisher 离心机中以 10 000r/min 离心 5min 后，将 50%甲醇与萃取样品混合。然后先后与 0.8ml MCW 和 0.8ml PAW 各混合 2 次，共 4 次，再去掉上清液。

在 4℃下放置一晚后，旋转样品，去掉上清液，与 0.8ml PAW 混合 1 次，去掉上清液。再用 1.0ml 乙醇洗 5 次，去掉上清液。经 70℃烘干样品后，于黑暗中在干燥器中冷却。冷却后，将样品存放在干燥器中，并置放在暗处。称出残留物与微型离心管的总重量（$W_2$）。最后，样品经萃取的游离细胞壁的重量=$W_2$-$W_1$。

### 3. 不溶于酸的木质素含量测定步骤

用 PAW 法提取粉末组织（50mg）。将干燥过、不含萃取物的细胞壁样品放在 15ml 聚丙烯离心管中，与 3.75ml 5% $H_2SO_4$ 混合。沸水浴 1h 后，经 4500$g$ 离心 10min，弃上清液，用热水洗残留物 3 次，再用 95%乙醇洗 2 次，丙酮洗 2 次，每次清洗都离心。

70℃烘干残留物后，将残留物打碎，再与 1ml 72% $H_2SO_4$ 在 20℃混合 2h，并将管放在凉水中保持温度。用去离子水将溶液转移至 50ml 聚丙烯离心管中，总共 28ml 水稀释混合物。然后在管盖上留 3 个小孔，盖上盖子沸水浴 2h。

称量坩埚，并在称之前 1～2h 将其放在吸湿器中干燥。如有必要，用真空过滤器使样品达到一定体积。最后，用 50ml 热水洗残留物 3 次，105℃烘干 2h，在吸湿器中冷却，称重。

## 2.3　有机碳降解过程生物化学分析方法

### 2.3.1　凋落物降解动力学

凋落物分解是全球生态系统养分及碳循环的重要过程，其分解速率受多个因素影响，其中气候、凋落物特征及土壤生物组成是主要的调控因素。全球气候变化背景下，凋落物分解如何响应这种变化，进而影响全球碳通量和养分循环越来越受到重视。用凋落物质量损失表征的负指数模型是描述凋落物分解速率常用的一种方式，测量凋落物质量损失的方法主要包括凋落物袋法和室内培养法。

#### 2.3.1.1　凋落物袋法

凋落物袋（litter bag）法是研究凋落物分解最常用的方法。此方法的主要原理是在不可降解、柔软并带有小孔的袋中装入一定量的凋落物，再放在土壤表面或深埋至土壤中分解。虽然凋落物袋法还有一些限制，其中包括微环境、土壤动物及表面凋落物埋藏等的影响，但此方法容易实施，因此，凋落物袋法是凋落物分解实验中可产生大量数据库并最可利用的方法（Adair et al.，2008）。在实验之前，需要提前准备的实验装备和材料如下。

秋季新落的叶片或凋落物根；凋落物袋（如 10cm×10cm，1mm 网孔的网袋。凋落物袋大小和网孔粗细可以根据实验要求调整）；制作的标签（一般可用不褪色的记号笔或铅笔写上凋落物具体信息）；烘箱（凋落物在 40～50℃烘干）；千分位天平；坩埚炉。

凋落物袋法实验步骤具体如下（Graça et al.，2005）。

首先，进行叶片和细根的收集。叶片：可以通过轻轻晃动树枝，再收集掉下来的叶片。细根：可通过挖掘取根。叶片和根在 40～50℃的烘箱中连续放置两天烘至恒重。再把已经称重好的叶片和根凋落物放置在凋落物袋中，并在每个凋落物袋中放置一个相对应的标签。根据凋落物取样频率和重复次数，需制作足够多的凋落物袋。

凋落物袋制作完后，再放置凋落物袋。根据实验目的确定凋落物袋位置，如叶片凋落物多放置在土壤表层，而细根凋落物一般埋藏在土壤中。值得注意的是，需要避免过多凋落物袋相互靠近，因为这会显著改变现有的模式，从而影响土壤微生物和无脊椎动物的定植（colonization）。

定期取回凋落物袋。按照具体实验计划，在特定时间点取回凋落物袋。例如，在放置凋落物袋后的 30 天、90 天、180 天、360 天和 720 天分别取回。凋落物取回后，去除杂质，在烘箱中 40～50℃烘干至恒重，称量干物质重量之后，粉碎凋落物。最后进行灰分校正，此过程是将少量粉碎后的凋落物干物质称重（0.1～0.2g），放置于小陶瓷瓶中，并在 500℃的坩埚炉下放置 4～5h，冷却后称重无灰干物质（ash-free dry mass，AFDM）。用无灰干物质和干物质计算灰分校正系数，再用系数计算每次取回凋落物的总无灰干物质重量。

### 2.3.1.2 室内培养法

室内培养法是指将凋落物在控温控湿的室内培养条件下培养，使凋落物所处环境条件大体一致，这样有利于比较不同凋落物的分解速率，从而找到凋落物理化性质与凋落物分解速率之间的关系。相比较野外的凋落物袋法，室内培养法的可控性强，且可有效地避免网袋的网眼对凋落物分解的影响。因此，如若单纯考虑凋落物理化性质对凋落物分解的影响，室内培养法比凋落物袋法更具优势。室内培养法首先要制作培养基。一般来说，用作培养基质的土壤来源于凋落物取样地，经剔除石块等杂质和过 2cm 筛之后，根据具体实验目的，通过增减水分和其他养分，最后制作为特定水分和养分含量的培养基。室内培养有质量损失和二氧化碳（$CO_2$）呼吸两种测定方法。

1）质量损失法（Wardle et al.，2009）：在每个培养基上，放置一个 1mm 网孔（可根据实验调整网孔大小）的尼龙网；在尼龙网上放置一定量的烘干凋落物；用胶带封住培养瓶的开口处，用以防止水分的丢失；在设置好温度的恒温培养箱中放置数天，再定期取出和称重。

2）二氧化碳呼吸法：此方法需先把凋落物粉碎，然后放置在培养基中，用质量法定期把水分含量控制在饱和持水率的 60%～70%，然后把培养瓶放置于一定温度的恒温培养箱中进行培养。培养过程中，因每个培养瓶为不封口培养，其瓶内 $CO_2$ 与大气或室内浓度相近。通过采用 $CO_2$ 分析仪及其密闭气路系统，测定培养瓶中凋落物样品的呼吸速率。此仪器主要是通过闭合气路系统，利用计算机自动化采集数据，通过每秒钟整套闭合气路系统中 $CO_2$ 增加的浓度，推算出测定当天每个培养瓶中凋落物有机碳释放的总量。此方法同样用负指数方程拟合有机碳释放总量随时间的递减趋势。

凋落物分解速率计算：凋落物分解速率可由凋落物剩余质量计算得出，具体公式如下：

$$M_t = M_0 e^{-kt} \tag{2.9}$$

式中，$M_t$ 为取样点凋落物质量；$M_0$ 为凋落物起始质量；$k$ 为指数降解系数（exponential decay coefficient），即凋落物分解速率；$t$ 为凋落物分解的天数。一般来说，计算 $k$ 值需要凋落物质量损失超过 50%。此外，上述指数降解方程通常转化为线性形式，转化公式如下：

$$\ln[M_t] = \ln[M_0 e^{-kt}] = \ln[M_0] - kt \tag{2.10}$$

重新转化为

$$Y = a + bX \tag{2.11}$$

式中，$Y$ 是变量，相当于 $M_t$；而自变量 $X$ 相当于取样天数；斜率 $b$ 相当于降解系数 $k$；截距 $a$ 是起始质量，理论上应该是近 100%。

上述的一库指数降解模型在凋落物分解中较为常见，在预测短时间内的凋落物分解速率方面也较为合适。但凋落物中的组分有难分解和易分解组分之分。按凋落物分解难易程度，可分为两类或三类（如木质素与氮含量之比、木质素含量等），每类根据其分解特性会符合不同的指数函数，此类模型可称为二库或三库模型（Adair et al.，2008）。具体公式如下：

$$M_t = M_1 e^{-k_1 t} + M_2 e^{-k_2 t}$$
$$M_t = M_1 e^{-k_1 t} + M_2 e^{-k_2 t} + M_3 e^{-k_3 t} \tag{2.12}$$

式中，$M_t$ 为取样点凋落物质量，$M_1$、$M_2$、$M_3$ 为凋落物中不同组分的起始质量，$k_1$、$k_2$、$k_3$ 为不同组分的指数降解系数。

## 2.3.2　土壤呼吸的测定方法

土壤呼吸（soil respiration，$R_s$）是指土壤中植物地下部分的呼吸作用、微生物分解作用及土壤动物活动产生二氧化碳并释放的过程。它主要包括 2 个部分，一部分是由根系代谢产生的二氧化碳，称为自养呼吸（autotrophic respiration，$R_a$）；另一部分，微生物对凋落物及土壤有机质分解所产生的 $CO_2$，为异养呼吸（heterotrophic respiration，$R_h$）。土壤呼吸是陆地生态系统碳循环中最大的碳通量之一，受到温度、水分、土壤有机质等生态因子的调控，并对陆地生态系统的功能具有重要作用。为了精确地测量土壤呼吸及其组分，科学家在过去几十年中进行了大量的研究，至今已经探索和开发了许多测量方法。目前常用的方法有动态密闭气室法、动态开路气室法、封闭式静态箱法、气相色谱法。下面就这四种方法进行简单的介绍。

### 2.3.2.1　动态密闭气室法

动态密闭气室（closed dynamic chamber，CDC）法是指，在测量时，在地表覆盖一个密闭的气室，通过红外气体分析仪（infrared gas analyzer，IRGA）记录气室内 $CO_2$ 浓度的变化，根据对气室内 $CO_2$ 浓度随时间增加的速率分析得到土壤呼吸速率。目前大多数可购买到的测量土壤呼吸的仪器都是以这个方法为原理生产的，如美国 Li-Cor 公司生产的全自动 Li-Cor 8100 系统，其能够连续测定土壤 $CO_2$ 通量，该公司的 Li-Cor 6400 气体分析仪与配套的土壤呼吸气室（Li 6400-09）组合在一起也可用于测定土壤呼吸。此外，美国 PP Systems 公司开发的土壤呼吸系统（包括土壤呼吸气室和环境气体监控器）、美国 Dynamax 公司开发的便携式土壤呼吸测量系统 SRC-1000 等也都是基于动态密闭气室法的原理设计的。该方法具有易于操作、仪器便于携带、测量时间短等优点，是目前在野外条件下测定土壤呼吸最常见的方法。

### 2.3.2.2 动态开路气室法

动态开路气室（open dynamic chamber，ODC）同时具有进气与出气通道，由于土壤释放 $CO_2$，因此出气口比进气口的 $CO_2$ 浓度更高，根据进出气室的 $CO_2$ 浓度差异，运用差分方法来估算土壤呼吸速率。该方法实现了稳态下的连续测定，具有较高的时间分辨率，精确性较高，目前已成功应用于野外生态学研究中。但该方法也存在一些缺点，首先，$CO_2$ 浓度的变化对气室内外的压力差比较敏感。其次，气室内达到稳定状态所需要的时间较长。最后，该方法需要差分气体分析仪和质量流量控制器，需要长期的电力供应。目前大部分的 ODC 都是自制的系统。商业化的仪器主要是美国 Dynamax 公司生产的 SRC-MV5 型开放式动态气室系统。

### 2.3.2.3 封闭式静态箱法

封闭式静态箱（closed static chamber，CSC）法是基于化学原理，即将气室覆盖在土壤上，通过气室内部的化学吸收剂来吸收密闭气室内在一定时间内释放出的 $CO_2$ 气体。常用的化学吸附剂包括碱溶液（NaOH 或 KOH）和碱石灰[由 NaOH 和 $Ca(OH)_2$ 组成]。碱液吸收法可能是最早用于测定土壤呼吸的方法。碱石灰法由于其花费低、简单易行等优点，被长期使用。该方法中除了土壤释放的 $CO_2$ 外，密闭的气室内没有其他的空气流动。在测量时，气室内 $CO_2$ 浓度增加对扩散过程的影响会降低测量的精确性，而长时间封闭可能会引起气室内微环境的改变。此外，该方法使用的气室一般较小，会产生比较大的边缘效应。由于该方法的劣势以及其他测定方法的快速发展，封闭式静态箱法在野外观测中使用的比例越来越低。但该方法也具有花费少、野外易于操作、可以监测一段时间内的土壤呼吸累积量、便于样品集中分析等优点。当需要大样本、多频次重复测量来解释土壤呼吸较大的空间异质性时，该方法仍然是很适合的。

### 2.3.2.4 气相色谱法

气相色谱法（gas chromatography）是指利用注射器从野外采集气体样本，带回实验室，用气相色谱分析仪测定，从而估算土壤呼吸的方法。该方法中用的气室顶部装有橡胶塞或橡胶管，以便于用注射器取样。在野外测定时，将土壤气室覆盖在土壤表面，按一定的时间间隔用注射器进行采样，并将气体样本封存于特制的气袋中，带回实验室后尽快进行分析。由于该方法采用密闭气室，气室内累积的 $CO_2$ 会对土壤呼吸产生抑制作用。测量持续时间越长，抑制作用越大。因此，与其他方法相比，气相色谱法会低估土壤呼吸速率。此外，由于该方法野外取样时依赖于人工操作，当需要研究土壤呼吸的时间动态时，采样工作量较大。气相色谱法最大的优点是可以同时测定多种温室气体成分（如 $CH_4$、$CO_2$ 等），因此该方法依然在野外生态学中广泛应用。

### 2.3.3 区分自养呼吸和异养呼吸的方法

土壤呼吸包括来自根系的自养呼吸（Ra）以及来自微生物分解过程的异养呼吸（Rh）。土壤呼吸的不同组分对环境变化的响应有所不同。精确区分土壤呼吸的不同组分，有助于我们更好地理解和预测土壤呼吸对环境变化的响应。在过去的几十年间，科学家进行了大量的研究，探索出了许多量化不同组分的测量方法。目前常用的区分方法有以下几种。

#### 2.3.3.1 稳定性同位素示踪法

利用稳定性同位素区分土壤呼吸组分的方法主要有两种，一种是利用 $^{13}C$ 自然丰度的差异，另外一种是标记实验。第一种方法主要是利用 $C_3$ 和 $C_4$ 植物之间的 $\delta^{13}C$ 自然丰度的差异，构建 $C_3$ 植物生长在 $C_4$ 土壤或 $C_4$ 植物生长在 $C_3$ 土壤的系统，以区分土壤呼吸释放的 $CO_2$ 是来源于土壤中过去形成的碳还是来源于植物中新形成的碳（Cheng，1996）。可以根据二元混合模型来估算根系呼吸（$f$）在土壤总呼吸中的比例（Robinson and Scrimgeour，1995）：

$$f = \frac{\delta^{13}C_{R\text{-soil}} - \delta^{13}C_{R\text{-SOM}}}{\delta^{13}C_{R\text{-root}} - \delta^{13}C_{R\text{-SOM}}} \tag{2.13}$$

式中，$\delta^{13}C_{R\text{-soil}}$、$\delta^{13}C_{R\text{-root}}$、$\delta^{13}C_{R\text{-SOM}}$ 分别为土壤呼吸、根系和土壤有机质的 $\delta^{13}C$ 值。异养呼吸的值由土壤总呼吸减去自养呼吸得到。

标记实验通常是在温室或生长箱内将植物暴露在 $^{13}C$ 标记的 $CO_2$ 中。植物的光合作用会将 $^{13}C$ 标记的 $CO_2$ 固定为糖类，这些糖类被用作呼吸底物，通过生长逐渐成为植物组织的结构物质，分配到根际，并形成土壤有机质。在实验处理期间及处理之后采集植物组织、土壤有机质和土壤释放的 $CO_2$ 样品，并对样品的 $^{13}C$ 进行测定，利用上述的混合模型即可估算自养呼吸和异养呼吸的比例。

#### 2.3.3.2 挖壕沟法

挖壕沟法主要是通过阻断植物向土壤的碳供应，进而估算自养和异养呼吸对总呼吸的相对贡献。可以在样方周围挖深度为 70～100cm 的沟，插入玻璃纤维板等障碍物以阻挡根系向样方内生长，并将挖出的土壤填埋回去。也可以在不挖土的情况下，将直径较大的聚氯乙烯（polyvinylchloride，PVC）管插入到土壤中以阻断根系的生长。由于挖沟处理的样方内没有活根，所释放的 $CO_2$ 为微生物分解土壤有机质和植物凋落物的异养呼吸。未挖沟的对照样方内测得的 $CO_2$ 通量为土壤总呼吸。两者之间的差值即为自养呼吸。

### 2.3.3.3 成分综合法

成分综合法是分别测定每一个组分（根系、凋落物、土壤有机质）的 $CO_2$ 通量。在实践中，研究人员通常在原位测定土壤总的 $CO_2$ 通量、根系呼吸及凋落物的 $CO_2$ 通量，并通过土壤总的 $CO_2$ 通量减去根系呼吸及凋落物的 $CO_2$ 通量来估算其他难以测量或分离的组分。

## 2.3.4 土壤呼吸温度敏感性

温度几乎影响到呼吸过程的各个方面。土壤呼吸过程对温度的敏感性通常用 $Q_{10}$ 来表示，即温度增加 10℃土壤呼吸速率增加的倍数，计算公式如下：

$$Q_{10} = \frac{R_{T_0+10}}{R_{T_0}} \qquad (2.14)$$

式中，$R_{T_0}$ 和 $R_{T_0+10}$ 分别是参比温度为 $T_0$ 和温度为（$T_0+10$）℃时的呼吸速率。

温度和土壤呼吸之间的关系通常是用指数模型（Van't Hoff 方程）、Arrhenius 模型或 Lloyd-Taylor 模型来描述。其中最常用的为指数模型，具体的计算公式如下：

$$R = ae^{bT} \qquad (2.15)$$

式中，$R$ 是呼吸速率，$T$ 是土壤温度，$a$ 是 0℃时的呼吸速率，$b$ 是温度响应系数。

当温度和土壤呼吸之间的关系用指数函数拟合时，$Q_{10}$ 可以根据式（2.15）的参数 $b$ 估算出来：

$$Q_{10} = e^{10b} \qquad (2.16)$$

此外，$Q_{10}$ 还可以通过改进后的 Van't Hoff 方程来估算（Davidson et al.，2006）：

$$R = R_{10} \times Q_{10}^{\left(\frac{T-10}{10}\right)} \qquad (2.17)$$

式中，$R_{10}$ 是 10℃时的土壤呼吸模拟值。

用野外测定土壤呼吸速率及相应的土壤温度数据，根据以上方程即可拟合出来 $Q_{10}$ 的值。把上述公式中的 $R$ 由土壤总呼吸速率替换为土壤呼吸的不同组分，如根系呼吸、微生物呼吸等，即可得到土壤呼吸不同组分的温度敏感性。基于野外观测估算的 $Q_{10}$ 通常是从温度的季节变化中得到的。

除了野外原位测量，还可将土壤样品带回实验室进行室内培养，从而得到土壤有机质分解的温度敏感性。室内培养可以去除温度以外其他因子（如根系呼吸、土壤水分等）对土壤呼吸的影响，因此被认为是对有机碳分解的温度敏感性的最小偏差估计（Kirschbaum，2006）。室内培养可以分为两种，一种是平行培养，是指几份土样同时在不同温度下恒温培养，分别测定呼吸速率或累计呼吸量（Reichstein et al.，2000；Rasmussen et al.，2006）。平行培养的方法可能会导致培养土样在高温和低温下底物质量不一致，从而给温度敏感性的估算带来偏差（Leifeld and Fuhrer，2005）。另一种是连续变温培养，即将同一份土壤样品在较短的时间内连续变化温度，测定每个温度下的呼吸速率（Fang and Moncrieff，2001；Fang et al.，2005）。连续培养的方法避免了平行培养中由不同的分解速率而造成的偏差，也避免了微生物群落对特定温度产生适应所造成的偏差。因此，连续变温培养被认为是目前研究土壤呼吸的温度敏感性可信度较高的室内培养方法（Chen et al.，2010）。

土壤呼吸温度敏感性分为表观温度敏感性（apparent temperature sensitivity）和内在温度敏感性（intrinsic temperature sensitivity）。前者描述的是在底物性质和各种环境因素影响下，土壤呼吸对温度变化响应的综合反映；后者指的是仅由底物分子结构决定的温度敏感性，即有机质分解的温度敏感性（Davidson and Janssens，2006）。由于在研究中很难排除其他环境因素的干扰，如土壤水分、土壤质地以及底物数量和质量的变化。因此，目前大多数的研究是对表观温度敏感性的估算。

### 2.3.5　实证研究：土壤呼吸及异养呼吸野外测定

为了探究异养呼吸对模拟氮沉降处理的响应，在内蒙古自治区多伦县典型温带草地开展了野外观测，通过挖壕沟法从总土壤呼吸中拆分出异养呼吸。2014 年 3 月在野外观测平台进行了实验设置。在每个实验样方中分别将一个直径 20cm 的大 PVC 环打入土壤 30cm 深度，以隔绝植物根系的生长，去除自养呼吸。另外，将一个直径 10cm 的小 PVC 环置于大环中，并打入土壤 2~3cm 的深度，地面保留 2cm 左右，用来测定异养呼吸。在大环附近以相同的方式放置一个小 PVC 环，用来测定总的土壤呼吸。呼吸环的具体设置如图 2.4 所示。在本研究中，我们使用便携式红外气体分析仪（EGM-4，PP Systems 公司，埃姆斯伯里，美国）测定土壤呼吸，从 5 月中旬至 9 月底以平均每周一次的频率进行测定，并同时记录大环内外地表 10cm 的土壤温湿度。

图 2.4　土壤呼吸组分拆分野外实验设置

挖壕沟法隔绝了植物根系向呼吸环内的生长，通常会导致环内外的温湿度产生差异，进而影响异养呼吸速率。这使得原位测定的异养呼吸数据不适合直接进行分析，需要先进行校正以消除实验处理对测定数据的影响。参考之前的研究结果（Saiz et al.，2007），本研究中将异养呼吸数据与测得的环内温湿度以及土壤呼吸数据进行二次指数方程拟合，拟合方程如下：

$$R_h = ae^{bST}(cSM + dSM^2)e^{fR_s} \tag{2.18}$$

式中，$a$、$b$、$c$、$d$、$f$ 均为方程拟合系数；$R_h$ 为异养呼吸速率；$R_s$ 为总土壤呼吸速率；ST 和 SM 分别为表层 10cm 的土壤温度和湿度。模型系数确定后，将环内温湿度和土壤呼吸数据代入模型计算异养呼吸的校正模型预测值，通过与实测数据对比检验模型是否可靠。本研究中模型预测值与实测值之间有非常好的相关性（$R^2$=0.93），且拟合结果非常接近 $y=x$ 的理论相关方程（图 2.5），这说明我们的模型能够准确地通过土壤温湿度和总土壤呼吸数据预测异养呼吸值。

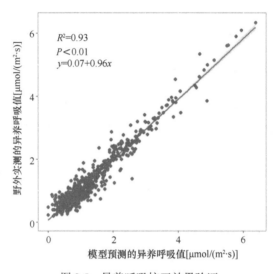

图 2.5　异养呼吸校正效果验证

确定校正方程后，将大环外温湿度和土壤呼吸数据代入方程求得校正后的异养呼吸数据。校正后的数据排除了呼吸环内异常温湿度的影响，可进行下一步统计分析。

注意事项如下。

1）关于测定时间：切根处理之后，呼吸环内残余根系的分解可能会导致测定的异养呼吸高于实际值，因此实验中通常会推迟测定时间，避开根系分解最快的时期，以尽量减少对测定结果的影响。具体推迟的时间可参考在此研究区域中进行的植物根系分解实验的结果，并同时结合时间与人力成本进行综合考虑。在该研究中根据内蒙古典型草地生态系统根系分解实验的研究结果（Giese et al., 2009），选择在切根处理的第二年开始异养呼吸的野外测定。

2）关于异养呼吸校正：进行异养呼吸数据校正的前提是切根处理显著改变了呼吸环内土壤的温湿度，因此并不是必须进行的步骤。需结合野外观测的土壤温湿度数据进行具体分析。

# 参 考 文 献

Adair E, Parton W, Del Grosso S, Silver W, Harmonk M, Hall S, Burke I, Hart S. 2008. Simple three-pool model accurately describes patterns of long-term litter decomposition in diverse climates. Global Change Biology, 14: 2636-2660.

Balesdent J, Mariotti A, Guillet B. 1987. Natural $^{13}$C abundance as a tracer for studies of soil organic matter dynamics. Soil Biology and Biochemistry, 19(1): 25-30.

Booker F L, Anttonen S, Heagle A S. 1996. Catechin, proanthocyanidin and lignin contents of loblolly pine (*Pinus taeda*) needles after chronic exposure to ozone. New Phytologist, 132: 483-492.

Bromand S, Whalen J K, Janzen H H, Schjoerring J K, Ellert B H. 2001. A pulse-labelling method to generate $^{13}$C- enriched plant materials. Plant and Soil, 235: 253-257.

Chen X, Tang J, Jiang L, Li B, Chen J, Fang C. 2010. Evaluating the impacts of incubation procedures on estimated $Q_{10}$ values of soil respiration. Soil Biology and Biochemistry, 42: 2282-2288.

Cheng W. 1996. Measurement of rhizosphere respiration and organic matter decomposition using natural $^{13}$C. Plant and Soil, 183(2): 263-268.

Davidson E A, Janssens I A. 2006. Temperature sensitivity of soil carbon decomposition and feedbacks to climate change. Nature, 440: 165-173.

Davidson E A, Janssens I A, Luo Y Q. 2006. On the variability of respiration in terrestrial ecosystems: moving beyond $Q_{10}$. Global Change Biology, 12: 154-164.

Dence C W. 1992. The determination of lignin. *In*: Dence C W. Methods in Lignin Chemistry. Berlin: Springer-Verlag: 33-61.

Dickson R E. 1979. Analytical procedures for the sequential extraction of $^{14}$C labeled constituents from leaves, bark and wood of cottonwood plants. Physiologia Plantarum, 45: 480-488.

Dubois M, Gilles K A, Hamilton J K, Rebers P A, Smith F. 1956. Colorimetric method for determination of sugars and related substances. Analytical Chemistry, 28: 350-356.

Fang C, Moncrieff J B. 2001. The dependence of soil $CO_2$ efflux on temperature. Soil Biology and Biochemistry, 33: 155-165.

Fang C M, Smith P, Moncrieff J B, Smith J U. 2005. Similar response of labile and resistant soil organic matter pools to changes in temperature. Nature, 433: 57-59.

Fu S, Cheng W. 2002. Rhizosphere priming effects on the decomposition of soil organic matter in $C_4$ and $C_3$ grassland soils. Plant and Soil, 238: 289-294.

García-Palacios P, Maestre F, Kattge J, Wall D H. 2013. Climate and litter quality differently modulate the effects of soil fauna on litter decomposition across biomes. Ecology Letters, 16: 1045-1053.

Giese M, Gao Y Z, Zhao Y, Pan Q, Lin S, Peth S, Brueck H. 2009. Effects of grazing and rainfall variability on root and shoot decomposition in a semi-arid grassland. Applied Soil Ecology, 41: 8-18.

Graça M, Bärlocher F, Gessner M. 2005. Methods to Study Litter Decomposition. A Practical Guide. Netherlands: Springer.

Gregorich E G, Monreal C M, Ellert B H. 1995. Turnover of soil organic matter and storage of corn residue carbon estimated from natural $^{13}$C abundance. Canadian Journal of Soil Science, 75(2): 161-167.

Griffiths R I, Manefield M, Ostle N, McNamara N, O'Donnell A G, Bailey M J, Whiteley A S. 2004. $^{13}CO_2$ pulse labelling of plants in tandem with stable isotope probing: methodological considerations for examining microbial function in the rhizosphere. Journal of Microbiological Methods, 58: 119-129.

Handa I, Aerts R, Berendse F. 2014. Consequences of biodiversity loss for litter decomposition across biomes. Nature, 509: 218-221.

Harborne J B. 1989. General procedures and measurement of total phenolics. Methods in Plant Biochemistry, 1: 1-28.

Hungate B A, Holland E A, Jackson R B, Chapin F S, Mooney H A, Field C B. 1997. The fate of carbon in grasslands under carbon dioxide enrichment. Nature, 388: 576.

Kirk T K, Obst J R. 1988. Lignin determination. Methods in Enzymology, 161: 87-101.

Kirschbaum M U F. 2006. The temperature dependence of organic-matter decomposition-still a topic of debate. Soil Biology and Biochemistry, 38: 2510-2518.

Kuzyakov Y, Domanski G. 2000. Carbon input by plants into the soil. Review. Journal of Plant Nutrition and Soil Science, 163(4): 421-431.

Kuzyakov Y, Kretzschmar A, Stahr K. 1999. Contribution of *Lolium perenne* rhizodeposition to carbon turnover of pasture soil. Plant and Soil, 213: 127-136.

Leifeld J, Fuhrer J. 2005. The temperature response of $CO_2$ production from bulk soils and soil fractions is related to soil organic matter quality. Biogeochemistry, 75: 433-453.

Lim P, Kim H, Nam H. 2007. Leaf senescence. Annual Review of Plant Biology, 58: 115-136.

Ostle N, Ineson P, Benham D, Sleep D. 2000. Carbon assimilation and turnover in grassland vegetation using an *in situ* $^{13}CO_2$ pulse labelling system. Rapid Communications in Mass Spectrometry, 14: 1345-1350.

Pausch J, Kuzyakov Y. 2018. Carbon input by roots into the soil: quantification of rhizodeposition from root to ecosystem scale. Global Change Biology, 24(1): 1-12.

Rasmussen C, Southard R J, Horwath W R. 2006. Mineral control of organic carbon mineralization in a range of temperate conifer forest soils. Global Change Biology, 12: 834-847.

Ravindranath N, Ostwald M. 2008. Carbon Inventory Methods: Handbook for Greenhouse Gas Inventory, Carbon Mitigation and Roundwood Production Projects. Netherlands: Springer.

Reichstein M, Bednorz F, Broll G, Katterer T. 2000. Temperature dependence of carbon mineralisation: conclusions from a long-term incubation of subalpine soil samples. Soil Biology and Biochemistry, 32: 947-958.

Reinsch S, Ambus P. 2013. *In situ* $^{13}CO_2$ pulse-labeling in a temperate heathland—development of a mobile multi-plot field setup. Rapid Communications in Mass Spectrometry, 27: 1417-1428.

Robinson D, Scrimgeour C. 1995. The contribution of plant C to soil $CO_2$ measured using $\delta^{13}C$. Soil Biology and Biochemistry, 27: 1653-1656.

Saiz G, Black K, Reidy B, Lopez S, Farrell E P. 2007. Assessment of soil $CO_2$ efflux and its components using a process-based model in a young temperate forest site. Geoderma, 139: 79-89.

Stewart C E, Paustian K, Conant R T, Plante A F, Six J. 2007. Soil carbon saturation: concept, evidence and evaluation. Biogeochemistry, 86: 19-31.

Still C J, Berry J A, Collatz G J, DeFries R S. 2003. Global distribution of $C_3$ and $C_4$ vegetation: carbon cycle implications. Global Biogeochemical Cycles, 17(1): 1006.

Sutton B G, Ting I P, Sutton R. 1981. Carbohydrate metabolism of cactus in a desert environment. Plant Physiology, 68: 784-787.

Tissue D T, Wright S J. 1995. Effect of seasonal water availability on phenology and the annual shoot carbohydrate cycle of tropical forest shrubs. Functional Ecology, 9: 518-527.

Uselman S, Qualls R, Lilienfein J. 2007. Fine root production across a primary successional ecosystem chronosequence at Mt. Shasta, California. Ecosystems, 10: 703-717.

Wang J, Chapman S J, Yao H. 2016. Incorporation of $^{13}C$-labelled rice rhizodeposition into soil microbial communities under different fertilizer applications. Applied Soil Ecology, 101: 11-19.

Wardle D, Bellingham P, Bonner K. 2009. Indirect effects of invasive predators on litter decomposition and nutrient resorption on seabird-dominated islands. Ecology, 90: 452-464.

Xu S, Li P, Sayer E J, Zhang B B, Wang J, Qiao C L, Peng Z Y, Diao L W, Chi Y G, Liu W X, Liu L L. 2018. Initial soil organic matter content influences the storage and turnover of litter, root and soil carbon in grasslands. Ecosystems, 21(7): 1377-1389.

Zang H, Blagodatskaya E, Wen Y, Xu X, Dyckmans J, Kuzyakov Y. 2018. Carbon sequestration and turnover in soil under the energy crop *Miscanthus*: repeated $^{13}C$ natural abundance approach and literature synthesis. GCB Bioenergy, 10(4): 262-271.

# 第3章　有机碳组分及分解过程研究方法

## 3.1　土壤有机碳及其组分的测定

### 3.1.1　土壤有机碳含量的测定

土壤有机质主要包括动植物残体、微生物残体及其分解转化植物残体过程中产生的代谢产物。土壤有机质不仅能为植物提供其生长所必需的营养元素，同时对维持土壤孔隙结构、改善土壤物理性状也起到关键作用。测定土壤有机质的含量其实就是测定土壤有机质中有机碳的含量，然后再乘以系数，这个系数通常为 1.724。

目前，测定土壤有机碳的方法主要有两类（鲁如坤，1999）：一类是在高温和氧化剂的催化条件下，把土壤中的有机碳氧化，同时氧化剂被还原，根据氧化剂的消耗量算出有机碳的含量；另一类是在高温条件下灼烧土壤样品，测定释放的 $CO_2$ 的量，此种方法会把土壤中的无机碳（碳酸钙）也包括进去，因此测定前需要去除土壤中的无机碳，元素分析仪测定土壤有机碳含量就是根据这个原理。

#### 3.1.1.1　高温外加热重铬酸钾氧化法

重铬酸钾-硫酸消化法是目前应用最广泛的有机碳测定方法，其工作原理是土样中有机碳在一定温度下被氧化剂重铬酸钾氧化，同时重铬酸钾中的 $Cr^{6+}$ 被还原成 $Cr^{3+}$，用硫酸亚铁铵标准溶液滴定剩余的 $Cr^{6+}$ 所用的滴定量与空白氧化剂滴定量之差计算有机碳量。反应的化学式为

$$2K_2Cr_2O_7+3C+8H_2SO_4 \!=\!\!= 2K_2SO_4+2Cr_2(SO_4)_3+3CO_2\uparrow+8H_2O$$

1）试剂：重铬酸钾标准溶液（1/6 $K_2Cr_2O_7$：0.8000mol/L）、硫酸亚铁铵溶液（0.2mol/L）、浓硫酸（化学纯）、邻菲咯啉指示剂。

2）仪器：油浴锅、50ml 滴定管。

3）实验步骤：称取过 100 目筛的风干土 0.2g 左右（准确到 0.1mg）于试管中，加入重铬酸钾与浓硫酸混合液 10ml，试管口加弯颈小漏斗，试管放于铁笼中，在已预热油浴上加热（220℃左右），试管内液体沸腾时开始计时 5min，取出试管，把试管内液体转入三角瓶中，并用少量水洗试管内壁，洗涤液倒入三角瓶中，使三角瓶内溶液总体积在 60～70ml，加邻菲咯啉指示剂 2～3 滴，用硫酸亚铁铵溶液滴定，颜色由橙黄变为蓝绿，最后变为砖红色，停止滴定，记录读数。每批样品同时需要设置 2～3 个空白样品，其他步骤与土壤样品测定相同。

计算公式如下：

$$SOC = \frac{\frac{c \times V_1}{V_0} \times (V_0 - V) \times M \times 10^{-3} \times 1.08}{m} \times 100 \qquad (3.1)$$

式中，SOC 为土壤有机碳质量分数（%）；$c$ 为重铬酸钾标准溶液的浓度（mol/L）；$V_1$ 为加入的重铬酸钾标准溶液体积（ml）；$V_0$ 为空白样品用去的硫酸亚铁铵溶液的体积（ml）；$V$ 为滴定土壤样品用去的硫酸亚铁铵溶液的体积（ml）；$M$ 为 1/4 碳的摩尔质量，即 3g/mol；$10^{-3}$ 为将 ml 换算成 L 的系数；1.08 为氧化校正系数；$m$ 为风干土的质量（g）。

### 3.1.1.2 元素分析仪测定法

元素分析仪可同时测定固体样品中的碳、氢、氮、氧、硫等元素的含量，在基础科学研究及农业、食品业、矿业、煤炭、石油化工等行业均有广泛应用。在环境科学、生态学和土壤学研究中，碳氮分析模式的元素分析仪应用非常广泛。碳氮元素分析仪具有测定速度快、精确度高等特点，在国内外实验室中已经广泛使用（陈雅涵等，2016）。

碳氮元素分析仪的原理是采用燃烧法对样品中的元素含量进行分析。首先，样品在灰分管内通氧燃烧，生成的气体通过氧化管进一步氧化得到二氧化碳、氮氧化物、二氧化硫等氧化产物，然后通过还原管将氮氧化物还原为氮气，吸收卤素、硫化物等杂质，通过干燥管吸收水分，最后得到氮气与二氧化碳。这两种气体经过分离后，通过热导检测器测定气体的峰值，最后根据标准样品进行校准，从而得到样品中碳、氮元素的含量。

实验步骤：大部分的元素分析仪基本操作流程如图 3.1 所示。仪器开机前需称取一定质量的待测样品（一般植物样品 30～50mg，土壤样品 50～200mg，根据仪器型号不同和样品碳氮含量不同称样量会有所不同），检查所有反应管（氧化管、还原管与干燥管）是否能满足此次测试需要，是否需要清理灰分管。开启计算机和仪器，打开软件，在软件中输入样品名称（包括空白、标样、待测样品）、测试方法、样品质量，并在加样盘中按输入顺序依次放入标样与待测样品，待仪器升温到满足测试要求，在软件中点击测试按钮，仪器会自动按顺序进行测试。样品分析结束后，让仪器降温（一般为 100℃以下），退出软件，关闭仪器电源。

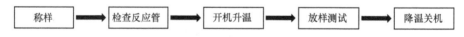

图 3.1 元素分析仪基本操作流程（修改自陈雅涵等，2016）

注意：用元素分析仪测定土壤样品，一定要预先去除土壤中的无机碳成分，因为仪器测定的碳含量是土壤中总碳的含量，如果土壤中含有无机碳，会使测定的有机碳含量偏高。一般用 0.5mol/L 的 HCl 溶液去除土壤中的无机碳，烘干磨碎之后，再上仪器测定。

## 3.1.2 土壤有机碳库的测定

精确评估土壤碳库的大小对模拟全球碳循环和预测气候变化至关重要。由于通常是在区域或全球尺度上评估土壤碳库且采用的方法也不一定相同,因此在相同的区域内,不同的研究得到的结果一般也不尽相同。目前,主要采用两种方法评估土壤碳库,一种是通过测定的土壤剖面数据(包括有机碳含量、容重和土层深度)计算得到;另一种是通过模型计算得到(Zhi et al.,2014)。下面仅介绍如何通过实测的土壤数据计算土壤碳库(Poeplau et al.,2017)。

首先,需要确定测定的土壤有机碳含量所代表的土层深度及此土层的土壤容重。土壤容重的测定一般采用环刀法,即把环刀嵌入土壤中,收集原状土壤样品,并充满环刀。然后,在烘箱中烘干环刀中的土壤样品,用土壤干重除以土壤的体积,即可得到土壤的容重。如果土壤中含有石头的话,需要去除石头的影响。计算公式如下:

$$土壤容重(g/cm^3)=\frac{干土的质量(g)-石头的质量(g)}{环刀的体积(cm^3)-\dfrac{石头的质量(g)}{石头的密度(一般为2.6g/cm^3)}} \tag{3.2}$$

土壤有机碳库的计算公式为

$$土壤碳库(Mg/hm^2)=土壤有机碳的含量(\%)×土壤容重(g/cm^3)×土层深度(cm) \tag{3.3}$$

### 3.1.3　土壤团聚体的分级

土壤结构是土壤具有的重要特性之一,其能够调节土壤中许多生物和物理过程。例如,土壤结构决定土壤的孔隙大小和渗透速率。土壤结构还影响着土壤有机碳的固定以及温室气体的排放。因此,维持良好的土壤结构对农业生产具有重要意义。

土壤团聚体稳定性是测定土壤结构的代表性指标。土壤团聚结构与土壤有机碳的固定也存在密切的联系。Tisdall 和 Oades(1982)提出了土壤团聚层级概念模型。该模型认为土壤矿物与细菌、真菌和植物分解完全的残体结合形成微团聚体,这些微团聚体互相结合形成大团聚体。由于大团聚体中包含许多微团聚体和有机黏结物,因此土壤大团聚体的含量与土壤有机碳含量呈正相关。一些研究也表明团聚体包裹的有机碳分解速率低于土壤中游离态的有机碳(Elliott and Coleman,1988)。Six 等(2000)发现与常规耕作相比,免耕土壤通常含有更多的大团聚体和有机碳。因此,大团聚体的周转速率和微团聚体包裹的有机碳在一定程度上决定了土壤有机碳库。

目前,采用最广泛的土壤团聚体分离方法是湿筛法,把土壤团聚体分成>2000μm、250~2000μm、53~250μm 和<53μm 4 个粒径(Elliott,1986)。由于湿筛法会导致各团聚体内的微生物互相污染,影响土壤微生物群落指标的测定。因此,现在也有一些研究采用干筛法(Bach et al.,2018;Plaza-Bonilla et al.,2013)。研究人员可以根据研究目的选用合适的方法。

1)试剂:去离子水。

2)仪器:大玻璃烧杯,2000μm、250μm 和 53μm 孔径的筛子。

3)实验步骤:首先,称取过 8mm 筛的土壤样品 100g,置于 2000μm 孔径的筛子上,浸没在去离子水中 5min,然后在 2min 内上下晃动筛子 50 次,收集>2000μm 的团聚体。其次,按照以上方法,把<2000μm 的团聚体放在 250μm 的筛子上继续分离<250μm 的

团聚体。再次,再分离出<53μm 的团聚体。最后,把收集到的各个粒径的团聚体在 50℃ 的烘箱中烘干,称重。测定各个粒径团聚体中的有机碳含量。

### 3.1.4 土壤有机碳分组

土壤中总有机碳含量在较短的时间内很难对农业管理措施的改变及环境因素变化作出快速响应,且土壤有机碳组成、结构及存在形式非常复杂。因此,测定总有机碳的含量很难准确反映土壤有机碳的内在变化。土壤有机碳中有些组分往往化学组成简单、分解速率较快,另一些组分化学结构复杂或与土壤矿物结合形成矿物结合碳,分解缓慢。同一类组分具有相似的化学成分、结构特征和分解状态。通过土壤有机碳分组并测定不同组分的有机碳含量及化学组成可以更精确地了解土壤有机碳的动态变化,对表征气候变化因子或土壤管理措施引起的土壤有机碳质量的改变具有重要意义。

目前,土壤有机碳分组主要有物理分组和化学分组两种方法。物理分组主要包括以下两种方法:一种是通过筛子分离颗粒有机碳和矿物结合有机碳;另一种是利用重液分离出有机碳的轻组分和重组分。化学分组法主要是利用一些化学试剂(如高锰酸钾、过氧化氢等)提取易氧化有机碳和惰性有机碳,以及利用强酸强碱提取土壤中的腐殖质。如今,随着技术的发展,原位研究发现化学分组方法会改变原来的有机碳结构,形成土壤中以前不存在的大分子有机碳(Schmidt et al., 2011)。因此,化学分组方法已经逐步被淘汰。这里只介绍物理分组的方法。

#### 3.1.4.1 土壤颗粒有机碳分组法

此方法主要把土壤有机碳分为两个碳库,即颗粒有机碳(快速周转碳库)和矿物结合有机碳(慢速周转碳库)。由于操作简单,能够较好地反映土壤有机碳的动态变化,该方法在许多研究中广泛使用(Cambardella and Elliott, 1992)。但是,此种方法也存在明显的缺陷,分离出来的矿物结合碳中还是会存在细小的颗粒有机碳。

1)试剂:六偏磷酸盐溶液(5g/L)。

2)仪器:电子秤、摇床、53μm 孔径筛子。

3)实验步骤:称取 20g 风干土样(过 2mm 筛)放入 150ml 离心管中,加入 100ml 六偏磷酸盐溶液,然后放入往复式摇床中振荡 15h。分散的土壤悬浮液过 53μm 筛,并反复用去离子水冲洗筛子上的组分和过筛的土壤泥浆。然后将两种土壤有机碳组分放在 60℃烘箱中烘干。称重、研磨,测定有机碳含量。

#### 3.1.4.2 土壤密度分组法

土壤密度分组法是根据土壤颗粒的密度大小不同,把土壤有机碳分成密度不同的组分,这些不同的组分代表处于不同分解状态的有机碳(Crow et al., 2007)。因此,密度分组方法是一种研究土壤有机碳在土壤中分解转化机制的重要手段。目前,大部分的研究一般使用密度为 1.6~1.8g/cm³ 的重液来分离土壤轻组分和重组分有机碳,广泛使用的重液为聚钨酸钠溶液或碘化钠溶液。由于不同的研究使用的密度分组方法略有不同,还有一些研究将密度分组和粒级分组联合起来把土壤有机碳分为更多的组分（Griepentrog et al.，2014；Plaza et al.，2013），这里仅介绍基本的密度分组方法，感兴趣的读者可以自行查看相关的文献。

1）试剂：碘化钠溶液（1.8g/cm$^3$）。

2）仪器：电子秤、摇床、超声仪、离心机。

3）实验步骤：首先，称取过 2mm 筛的风干土壤样品 15g，放入 100ml 的离心管中，加入 80ml 碘化钠溶液。然后，将离心管放在摇床上振荡 1min（250r/min），使游离态的轻组分漂浮。在 3500g 条件下离心 10min，然后把自由漂浮轻组分用泵吸出。剩余的土壤泥浆用超声仪（250J/ml）破碎闭合态的轻组分有机碳，漂浮的组分继续用泵吸出。以上步骤按照实际情况重复进行，直到漂浮的组分去除完为止。把轻组分和剩余的土壤重组分用去离子水洗干净，直到水溶液的电导率小于 50μS/cm，然后在 60℃条件下烘干，磨细。

## 3.1.5　土壤钙和铁铝结合有机碳的测定

有机碳与矿物相互作用形成的有机矿质复合体是有机碳在土壤中稳定保存的主要机制之一。矿物和有机碳主要通过配位体交换、多价阳离子桥键及范德瓦耳斯力的方式结合（von Lützow et al.，2006）。在酸性土壤中，铁铝氧化物与有机碳之间的相互作用可能是最主要的有机碳稳定机制。在碱性土壤中，多价阳离子，如钙、镁等在稳定有机碳方面起到重要作用。钙离子与有机碳的结合主要是通过阳离子桥键的方式，而铁铝氧化物通过配位体交换与有机碳结合。因此，钙结合的有机碳稳定性要弱于铁铝结合的有机碳。钙结合的有机碳可以用硫酸钠溶液提取，且硫酸钠溶液不会破坏铁铝结合的有机碳（Xu and Yuan，1993）。铁铝结合的有机碳可以用连二亚硫酸钠溶液提取（Wagai and Mayer，2007）。

本方法采用连续提取法测定土壤钙和铁铝结合的有机碳。为了避免土壤中易分解组分碳的影响，测定钙和铁铝结合碳之前，需要通过土壤密度分组法去除土壤中的轻组分及可溶性的有机碳。

### 3.1.5.1　土壤钙结合有机碳的测定

1）试剂：0.5mol/L Na$_2$SO$_4$ 溶液。

2）仪器：电子秤、摇床、离心机、总有机碳（total organic carbon，TOC）分析仪。

3）实验步骤：首先，称取 0.25g 样品放入 50ml 的离心管中，加入 20ml Na$_2$SO$_4$ 溶液。然后，把离心管放在摇床上振荡 2h（180r/min）。在 20 000g 条件下离心 10min，把上清液倒入干净的小瓶子中，4℃保存。用 TOC 分析仪测定液体样品中的有机碳浓度，然后乘以提取液的体积，即为钙结合的有机碳。尽量倾倒完所有的上清液，然后在离心管中加入 20ml 去离子水，洗去残留的 Na$_2$SO$_4$，离心管中剩余的土壤样品继续用于铁铝结合碳的测定。

### 3.1.5.2　土壤铁铝结合有机碳的测定

1）试剂：Na$_2$S$_2$O$_4$。

2）仪器：摇床、离心机、TOC 分析仪。

3）实验步骤：称取 0.4g $Na_2S_2O_4$ 放入提取完钙结合碳的离心管中，加入 40ml 的去离子水。然后，把离心管放在摇床上振荡 16h（180r/min）。在 20 000g 条件下离心 10min，把上清液倒入干净的小瓶子中，4℃保存。用 TOC 分析仪测定液体样品中的有机碳浓度，然后乘以提取液的体积，即为铁铝结合的有机碳。

注意：$Na_2S_2O_4$ 试剂味道比较难闻并有潜在的毒性，称取操作最好在通风橱中进行。

### 3.1.6 实证研究：土壤有机碳的测定

#### 3.1.6.1 不同耕作方式对土壤团聚体的影响

土壤耕作可以促进作物秸秆和土壤混合，改变土壤的剖面特性，提高微生物活性。但是土壤耕作还可以破坏土壤团聚结构，促进团聚体包裹的有机碳分解。因此，研究不同耕作方式对土壤团聚体结构的影响具有重要意义。本案例来自 Álvaro-Fuentes 等（2009）发表在 *Soil Science Society of America Journal* 上的研究，实验分为三个耕作处理，分别为免耕（NT）、减少耕作（RT）和常规耕作（CT），实验的站点分别为连续的大麦种植系统（PN-BB）和大麦-休耕轮作系统（PN-BF）。

该研究使用的团聚体分离方法如下：首先，田间采集的新鲜土壤样品过 8mm 筛，并在室内晾干。然后在 2000μm 的筛子上放 100g 的土壤样品，浸没在去离子水中 5min，筛子在水里上下晃动 3cm 左右，在 2min 内晃动 50 次，使大团聚体破碎。过 2000μm 筛的土壤悬液倒入 250μm 筛子，然后按照相同的晃动方法，得到中团聚体，最后，过 250μm 筛的土壤悬液再倒入 53μm 的筛子，得到微团聚体。分离出来的团聚体在烘箱中烘干（50℃），称重。

结果表明，PN-BB 和 PN-BF 两个系统的团聚体分布情况类似（图 3.2）。在所有的处理中，53~250μm 的团聚体占的比例最大。免耕增加了大团聚体的比例，减少了中团聚体的比例，但是耕作方式对<53μm 的团聚体没有显著影响。该结果表明，免耕可以增强团聚体的稳定性，有利于土壤有机碳的固定。

#### 3.1.6.2 三种土壤的有机碳对 $CO_2$ 浓度的响应

研究发现大气 $CO_2$ 浓度的升高会影响土壤有机碳的含量，但是土壤有机碳的响应方向还不是很清楚，而且土壤的质地和 $CO_2$ 的浓度水平是影响土壤有机碳动态的重要因素。本案例来自 Procter 等（2015）发表在 *Soil Biology and Biochemistry* 上的研究，实验设置的 $CO_2$ 浓度范围是 250~500ppm，实验的土壤分为三种类型，这三种土壤的黏粒含量在 15%~55%，土壤质地分别为砂壤土、粉黏土和黏土。

该研究使用土壤颗粒有机碳分组法，具体步骤为：采集的土壤过 2mm 筛，然后加入 0.5mol/L 的六偏磷酸盐溶液，振荡 18h，然后把土壤泥浆分别过 250μm 和 53μm 的筛子，剩在 250μm 筛子上的土壤有机碳为粗颗粒有机碳，在 53μm 筛子上的土壤有机碳为细颗粒有机碳，过 53μm 筛的有机碳为矿物结合有机碳。最后，分离出的土壤组分在烘箱中烘干，称重。

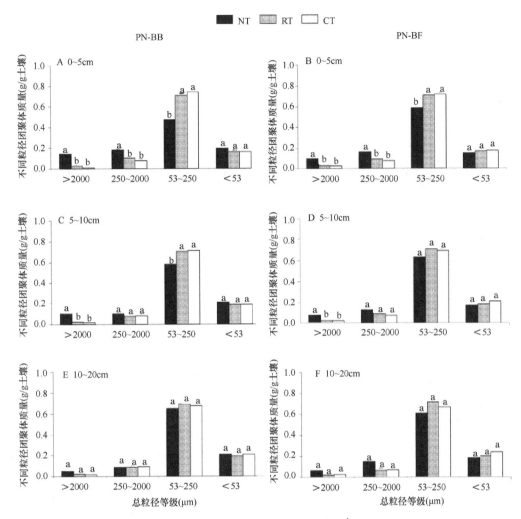

图 3.2　不同耕作方式对不同土层的水稳性团聚体的影响（Álvaro-Fuentes et al.，2009）

研究结果如图 3.3 所示，在黏粒含量较高的两个土壤中，随着 $CO_2$ 浓度的增加，颗粒有机碳的含量显著增加。在砂壤土中，虽然颗粒有机碳的含量也随着 $CO_2$ 浓度的增加而增加，但是增加的幅度较小。在粉黏土中，矿物结合有机碳的含量随着 $CO_2$ 浓度的增加而降低，但在其他两种土壤中，$CO_2$ 对矿物结合有机碳的影响不显著。这些结果表明，土壤有机碳对 $CO_2$ 浓度的响应显著受到土壤质地的影响，而且不同组分的有机碳对 $CO_2$ 的响应情况不同。

### 3.1.6.3　不同土层深度的有机碳储存和稳定性

土壤有机碳的稳定性依赖于植物凋落物的输入、团聚体的结构以及土壤矿物的种类等。密度分组是一种能够帮助研究有机碳稳定机制的有效手段，但是很少有研究把此方法应用于整个土壤剖面。本案例来自 Schrumpf 等（2013）发表在 *Biogeosciences* 上的研究，该研究探索了不同土层中决定有机碳稳定保存的因素。

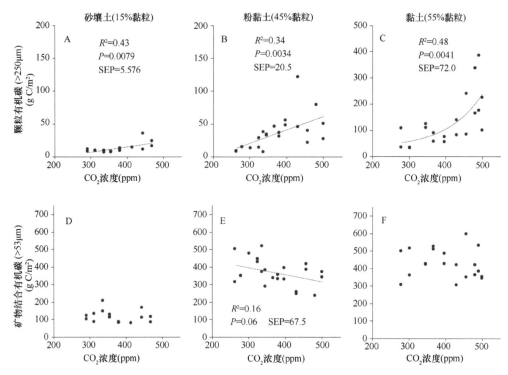

图 3.3 三种土壤中不同组分的有机碳含量对 $CO_2$ 浓度的响应（Procter et al.，2015）

该研究的密度分组方法如下：称取 25g 土壤样品放于 750ml 的离心管中，加入 125ml 多钨酸钠溶液（1.6g/cm$^3$），手动摇晃使轻组分有机质（fLF）释放出来，然后静置 1h，在 5500$g$ 下离心 30min，然后把轻组分有机质吸出放置在玻璃纤维滤膜上。再用超声仪使闭合的轻组分（oLF）释放。样品放置 1h，在 5500$g$ 下离心 30min，漂浮的闭合态轻组分按照上面方法处理。分离出来的游离态轻组分和闭合态轻组分有机质用去离子水清理，直到电导率小于 50μS/cm。剩余的土壤泥浆被认为是重组分（HF），同样用去离子水冲洗。分离出来的不同土壤组分在 40℃下烘干，用玛瑙研钵磨细，称重。

研究结果如下，土壤轻组分和重组分中的有机碳含量均随着土层深度的增加而减少（图 3.4），轻组分的碳氮比随着土层深度增加而增加，而重组分的碳氮比呈现相反的趋

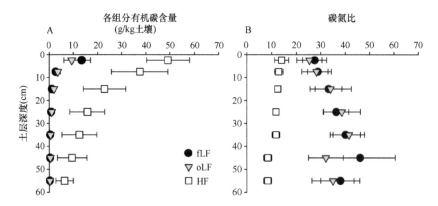

图 3.4 不同组分的有机碳含量和碳氮比在不同土层深度的分布情况（Schrumpf et al.，2013）

势（图 3.4）。研究还发现植物的根生物量与重组分有机碳含量呈显著正相关，而轻组分与根生物量没有显著相关性（图 3.5）。

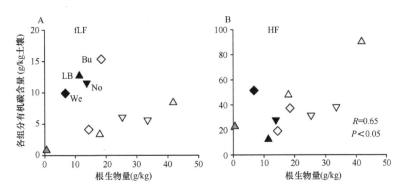

图 3.5　不同组分的有机碳含量和植物根生物量的相关性（Schrumpf et al.，2013）

Bu、LB、No 和 We 代表不同采样点的针叶林。灰色代表农田；黑色代表草地；白色代表落叶林

## 3.2　土壤有机碳组分的分离与分析

土壤有机碳是来源于动植物和微生物的残体在不同氧化阶段下生成的非均质混合物，是全球碳循环的物质基础，对气候变化起着重要的调节作用。由于土壤有机碳是一系列化合物的混合体，因此对土壤有机碳的研究往往是从分组开始的。根据分离方法的原理，土壤有机碳可分为物理分组组分和化学分组组分。物理分组是在尽量不破坏有机质结构的前提下通过物理方法分离有机质组分，分离的有机质组分能够反映原土中有机质的结构和功能，是最常用的分组方法。化学分组是通过使用不同的化学试剂和温度条件，根据有机碳的分子组成进行分组，是最经典和最重要的分组方法。本章将分别介绍土壤有机碳物理和化学分组的常用方法及其应用实例。

### 3.2.1　土壤物理分组组分分析

#### 3.2.1.1　概述

土壤有机碳库是由不同来源、不同分解阶段和不同稳定状态的化合物组成的一个复杂的混合体（Baldock and Skjemstad，2000；Sollins et al.，1996）。SOC 不同组分的周转时间差异显著，可以是几年到几百年甚至上千年。如果将 SOC 当作均匀稳定的整体，SOC 中不同周转时间的组分对环境变化不同的响应会被忽视（Davidson et al.，2000；Giardina and Ryan，2000），导致模型在预测土壤有机碳库变化时的不确定性（Friedlingstein et al.，2006；Trumbore and Czimczik，2008）。因此，在许多碳循环研究中，SOC 都尽可能地被分成几个周转时间不同的组分。物理分组方法是指运用不同程度的处理（干湿筛）、分散（超声）、密度分离和沉降等手段分离出不同结合程度的有机-矿物复合体。物理分组由于不破坏 SOC 的组成，能够反映 SOC 的结构和功能而被广泛采用，其中密度分组、团聚体分组和粒径分组是常用的方法（Mikutta et al.，2007）。

### 3.2.1.2 密度分组

密度分组是根据 SOC 不同组分间密度的差异，利用不同密度的液体（即重液）逐步分离出与矿物结合程度不同的 SOC 组分（Christensen, 1992）。重液选择上，最早密度分组使用的是有机溶剂，如四溴乙烷、三溴甲烷或四氯化碳。然而，有机溶剂易挥发，其蒸汽易对人体造成伤害；当有机溶剂作为重液时，土壤中的水分也会影响轻组分的分离；因此，有机溶剂逐渐被无机盐溶液取代。常用的无机盐有硫酸镁（$MgSO_4$）、溴化锌（$ZnBr_2$）、碘化钠（NaI）和聚钨酸钠（$Na_6O_{39}W_{12}$），其中，聚钨酸钠溶液由于可调节的密度范围大（最大可达 $3.1g/cm^3$）而被大部分研究所采用（Six et al., 1999）。在密度分组中，轻组分或游离颗粒有机质是指密度小于 $1.6g/cm^3$ 的组分，主要由未被完全分解的植物碎屑组成，常被看作活性碳库。密度为 $1.6\sim2.0g/cm^3$ 的组分由于被土壤团聚体包裹，被命名为包裹的颗粒有机碳，常被看作慢速分解碳库。密度大于 $2.0g/cm^3$ 的组分，SOC 与矿物稳定结合，被命名为矿物结合态有机碳或直接称作重组分，这一部分被看作稳定碳库或惰性碳库。

采用密度分组方法分离 SOC 组分时，首先配制特定浓度的聚钨酸钠溶液备用。土壤样品经风干过筛后，与重液以 $1:5$（$m/V$）的比例混合振荡；随后混合液在离心机上以 $4500g$ 的转速离心 10min。离心结束后，在离心管底部沉降的部分是重组分，可用于进一步密度分组或粒径分组处理。将上层土壤混合液倒出，用玻璃纤维膜过滤，留在玻璃纤维膜上面的是轻组分。过滤完成后，透过玻璃纤维膜的重液可以参考 Six 等（1999）的方法循环利用。轻组分和重组分需要用蒸馏水多次清洗以去除残留在土壤中的聚钨酸钠，当清洗后溶液的电导率小于 $50\mu S/cm$ 时，即可认为聚钨酸钠被清洗干净（Griepentrog et al., 2014）。

密度分组对于区分功能性有机质组分是很有用的手段，因此，其在 SOC 组分的研究中应用广泛。例如，Sollins 等（2006）利用不同密度的聚钨酸钠溶液（包括 $1.65g/cm^3$、$1.85g/cm^3$、$2.00g/cm^3$、$2.28g/cm^3$、$2.60g/cm^3$）将北美洲森林暗棕土壤逐步分离后，得到 6 个不同密度的组分(图 3.6)，并研究各个组分的碳、氮循环。该研究发现密度在 $2.00\sim2.28g/cm^3$ 的组分的干重最大（57.5%土壤）；由于碳、氮的积累速度小于土壤组分矿物增加的速度，各个组分的碳、氮含量和碳氮比（C/N）随密度的增加而减小；通过加权计算发现碳、氮含量在组分 $1.85\sim2.00g/cm^3$、$2.00\sim2.28g/cm^3$ 中最高。用 $^{14}C$ 计算的周转时间在 4 个重组分中随密度增加而变大，周转时间是 $150\sim985$ 年。木质素含量随密度增加而减少，且指示木质素氧化程度的酸醛比随组分密度的增加而变大，说明随着密度的增加，微生物对有机碳的分解程度增大（表 3.1）。Torn 等（2013）利用密度分组将开放式空气 $CO_2$ 浓度增加（free air carbon dioxide enrichment, FACE）实验中的两种土壤（蛇纹岩土壤 $1.8g/cm^3$ 或砂岩土壤 $2.0g/cm^3$）分别分为两个组分，并用 $^{13}C$ 和 $^{14}C$ 两种同位素技术分析两个组分碳的来源和周转；研究发现轻组分由 21%$\sim$54% 的快速分解碳库（周转时间 $2\sim9$ 年）和 36%$\sim$79% 的慢速分解碳库（周转时间超过 100 年）组成，而重组分也由约 7% 的快速分解碳库和约 93% 的慢速分解碳库组成，说明仅用单一的密度分组方法不能得到均质稳定的碳库。

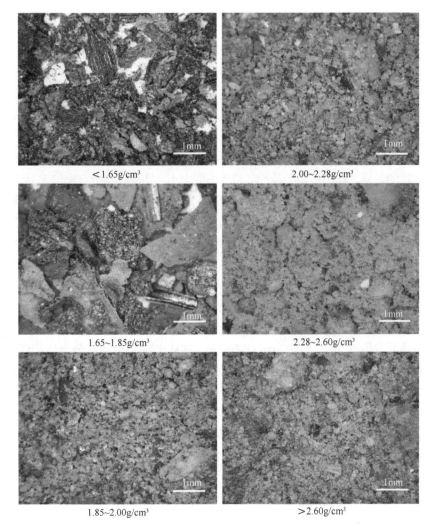

图 3.6　用密度分组方法得到的 6 个组分的光学显微镜照片（Sollins et al.，2006）

**表 3.1　用密度分组方法得到的 6 个组分的土壤性质**（Sollins et al.，2006）

| 土壤性质 | 组分密度（g/cm³） | | | | | |
|---|---|---|---|---|---|---|
| | F1 | F2 | F3 | F4 | F5 | F6 |
| | <1.65 | 1.65～1.85 | 1.85～2.00 | 2.00～2.28 | 2.28～2.60 | >2.60 |
| 干重（%土壤） | 2.98 | 1.84 | 10.7 | 57.5 | 16.9 | 10.1 |
| 碳含量（%组分） | 36 | 28.5 | 14.1 | 2.69 | 0.74 | 0.22 |
| 氮含量（%组分） | 0.54 | 0.55 | 0.46 | 0.23 | 0.062 | 0.019 |
| 碳含量（%土壤） | 1.07 | 0.52 | 1.51 | 1.55 | 0.13 | 0.02 |
| 氮含量（%土壤） | 0.02 | 0.01 | 0.05 | 0.13 | 0.01 | 0.00 |
| C/N | 66.67 | 51.82 | 30.65 | 11.70 | 11.94 | 11.58 |
| 周转时间（年） | 无 | 无 | 150 | 210 | 680 | 985 |
| 木质素含量（mg/g C） | 31 | 25 | 19 | 16 | 8.4 | 7.8 |
| 木质素氧化指数（香草基） | 0.49 | 0.71 | 0.92 | 1.31 | 1.38 | 1.48 |
| 木质素氧化指数（丁香基） | 0.51 | 0.48 | 0.72 | 0.97 | 0.7 | 0.76 |

### 3.2.1.3 团聚体分组

土壤团聚体是土壤颗粒被微生物细胞及其分泌物、根分泌物和真菌黏液胶黏，形成的土壤基本结构单元（Oades and Waters，1991；Six et al.，2000）。在土壤学中，团聚体的稳定性与组成能够指示土壤质量或土壤肥力。由于团聚体的包裹作用，土壤中的微生物难以利用团聚体中的有机质，延长了有机碳在土壤中的滞留时间，因此土壤团聚体在陆地生态系统中的固碳作用受到了广泛关注（Six et al.，2002；von Lützow et al.，2007）。湿筛法是土壤团聚体分离最常用的方法（Cambardella and Elliott，1994；Six et al.，1998），其原理是根据不同水稳性团聚体粒径的差异，利用不同孔径的湿筛将不同大小的团聚体组分分离出来。通常，在湿筛法中大于 $250\mu m$ 的团聚体称为大团聚体，而小于 $250\mu m$ 的团聚体称为微团聚体。微团聚体又可分为大微团聚体（$53\sim250\mu m$）和粉黏粒团聚体（$<53\mu m$）。根据研究的需要，也有研究者会把 $<53\mu m$ 的团聚体进一步分为粉粒组分（$2\sim53\mu m$）和黏粒组分（$<2\mu m$）。

团聚体分组的基本操作包括：取 30g 左右风干土，过 2mm 的筛以除去杂草、根系、小石块等大颗粒；将团聚体分离器的套筛按孔径从大到小排列，将风干过筛处理后的土壤放入团聚体分离器最上部的网筛（孔径为 $250\mu m$），然后加入去离子水，将土壤浸泡 $5\sim10min$，此时应保证土壤被液面完全浸没；启动团聚体分离器的电源，使套筛以振幅 4cm、每分钟上下摇动 30 次的频率运行 10min，这样土壤团聚体组分会依次通过 $250\mu m$ 和 $53\mu m$ 的湿筛；将留在筛面上的土壤冲洗到铝盒中，50℃ 下烘干即得到 $>250\mu m$ 和 $53\sim250\mu m$ 的团聚体；小于 $53\mu m$ 的组分可进一步用离心法得到粉粒和黏粒。将小于 $53\mu m$ 的土壤溶液在 127g 转速下离心 7min 得到粉粒，剩余的土壤溶液加入 0.25mmol $CaCl_2-MgCl_2$，在 1730g 转速下离心 15min 得到黏粒（Marzaioli et al.，2010；Six et al.，1998；Stewart et al.，2008；Wilson et al.，2009）。

Monreal 等（1997）利用团聚体分组方法将森林和农耕潜育土分为水稳性的大团聚体（$>250\mu m$）、微团聚体（$53\sim250\mu m$）和黏粉粒组分（$<53\mu m$），用 $^{14}C$ 计算周转时间发现大团聚体是最年轻的组分，平均周转时间是 14 年；进一步用热裂解质谱测试发现大团聚体主要由碳水化合物、木质素单体、酚类、脂类、脂肪酸、固醇类和软木脂组成，表明植物残体是大团聚体中有机碳的主要来源。微团聚体的周转时间是 61 年，而黏粉粒组分的周转时间是 275 年。黏粉粒组分的热裂解产物包括植物和微生物来源的物质，如木质素二聚物、甾醇、软木脂和脂肪酸等。用 X 射线衍射计算各组分的矿物含量，发现组分的周转时间与蒙脱石含量和铝含量（草酸提取法）显著正相关，而与黏粒含量具有弱的相关性，表明黏土矿物促进了团聚体中有机碳的保存（Monreal et al.，1997）。Tan 等（2013）利用团聚体分组方法将不同林龄土壤分为 $>250\mu m$、$63\sim250\mu m$、$2\sim63\mu m$ 和 $<2\mu m$ 的组分；通过 $^{14}C$ 计算发现不同组分周转时间的分布范围是 $61\sim735$ 年，且周转时间随粒径的减小而增加；但是 $>250\mu m$ 组分的周转时间是 $61\sim263$ 年，表明只使用团聚体方法分组不能有效地分离出周转时间在数年尺度上的活性有机碳组分。

### 3.2.1.4 粒径分组

SOC 由不同粒径的颗粒组成，并且 SOC 与矿物结合的程度随着粒径的减小而增强，因此不同粒径的组分有不同的结构和功能（Christensen，1992），粒径分组正是在这一原理基础上进行的。与团聚体分组类似，粒径分组方法也是按照粒径的尺寸大小利用湿筛法进行分组。但是与团聚体分组方法不同的是，粒径分组方法首先用外力将土壤颗粒破坏，常用的方法有超声法、玻璃珠振荡或用偏六磷酸钠处理，这样土壤中原来存在的团聚体结构有可能会被破坏。被处理过的土壤依次经过孔径大小不同的湿筛即可得到不同的粒径组分。在粒径分组中，粒径大于 50μm 为砂粒，粒径在 2~50μm 为粉粒，粒径小于 2μm 为黏粒。其中，砂粒组分以石英颗粒为主，对有机碳的保护作用较弱；而黏粒和粉粒组分以土壤矿物为主，对有机碳的保护作用较强，SOC 能够较稳定地存在（Sposito et al.，1999）。

在农田土壤的剖面研究中，Moni 等（2010）分别用中等能量和强能量的超声方法对土壤进行破碎，再利用粒径分组方法研究了黏粒和粉粒组分中碳的保存。该研究发现，土壤经中等能量超声和粒径分组处理后，在干重质量分布上，按照粉粒、砂粒和黏粒的顺序依次减少，并且各个组分有机碳占总 SOC 的比例也显示相同的规律；土壤经强能量破碎和粒径分组处理后，各组分的干重依然按照粉粒、砂粒和黏粒的顺序减少，砂粒的质量比例不变，但是粉粒的质量减少，黏粒的质量增加，主要是因为超声的能量提高后，粉粒中一部分团聚体包裹的细颗粒进入了黏粒组分。而在超声能量提高后的有机碳分布上，黏粒组分的有机碳含量最高，通过计算得出有 30%~64%的有机碳以团聚体包裹的形式被保存在粉粒中，上述研究结果说明粉粒粒径的团聚体保护在农田 SOC 的储存中起重要作用（Moni et al.，2010）。但是，仅用粒径分组的方法分离不同的土壤组分可能破坏土壤原始的结构，且破碎强度会显著影响有机碳的分布，这对全面认识土壤有机碳的结构和功能会有很大影响（Gregorich et al.，2006）。因此，在今后 SOC 周转和稳定性的研究中应将多种分组方法相结合。

### 3.2.1.5　综合分组

为了比较 SOC 不同组分的化学结构、土壤功能及周转时间，以全面解析 SOC 的保存和周转特性，应尽量将土壤分离成保护机制不同的碳库（von Lützow et al.，2007）。根据以上对三种物理分组方法的描述，任何单独的一种分组方法都不能实现按不同保护机制分离碳库的目的，因此在目前大多数的研究中都采用多种分组方法相结合的综合分组方法。例如，为了研究氮沉降对微生物的影响，Griepentrog 等（2014）在多年连续 [13]C 标记的森林土壤中利用综合分组方法研究了不同组分中微生物氨基糖及碳氮元素的含量。该研究首先利用密度分组分离出轻组分，然后将重组分用超声破碎后再用密度分组分离出被包裹的组分，剩余的重组分再用 20μm 的湿筛处理，分离出细重组分和粗重组分；研究结果发现土壤的碳氮及微生物残体主要稳定在细重组分；由于解除了氮限制，氮沉降处理明显减少了与矿物结合的老的微生物残体的降解，从而促进了老的微生物残体的保存（Griepentrog et al.，2014）。Angst 等（2017）在研究木质素和脂类在土壤中的保存时，首先利用粒径分组将土壤分成砂粒、粉粒和黏粒三部分，进一步利用密度分组将砂粒、粉粒和黏粒分为颗粒有机质组分和矿物组分，共得到 6 个组分，最后将得到的组分进行一年的室内培养。通过比较培养前后的组分有机碳含量，发现只有砂粒-颗粒有机质组分的碳含量显著减少，说明这个组分的碳被保护的强度最弱。根据核磁共振图谱用半定量的方法计算碳水化合物、蛋白质类、木质素酚类和脂类 4 种化合物培养前后的变化，结果表明粉粒-颗粒有机质的碳水化合物和蛋白质类的含量明显减少，黏粒-颗粒有机质的木质素酚类化合物含量也显著下降，其他组分的物质含量在培养前后没有差异。脂类物质在砂粒-颗粒有机质组分中含量最高，而且绝大部分由植物来源的脂类构成。而木质素酚类物质在砂粒-颗粒有机质和粉粒-颗粒有机质中的含量高于黏粒-颗粒有机质和黏粒-矿物组分。更有趣的是，植物来源的脂类物质在颗粒有机质组分中的含量在培养后变高，主要原因是团聚体被破坏后其他相对易降解的化合物被分解，导致脂类物质在土壤有机碳中积累，该结果强调了团聚体在有机碳保护中的重要作用（Angst et al.，2017）。

### 3.2.2 土壤分子组分（常见生物标志物）的提取和分析

#### 3.2.2.1 概述

根据传统化学分组的提取方法，土壤有机碳可分为溶解性有机物、腐殖质和有机溶剂提取物。虽然传统化学分组方法在一定程度上区分了土壤有机碳的活性，但该方法划分的各类有机质组成依然非常复杂，并非均一组分，用其含量和降解规律反映 SOC 的周转特性仍存在困难。近些年，生物标志物技术的发展为 SOC 化学分子组分的精确分析提供了便利。生物标志物（也称分子化石）是指土壤中来自生物体，在有机质演化过程中具有一定的稳定性，保留了原始生物生化组分的碳骨架特征的一类有机分子化合物（Eglinton and Calvin，1967）。生物标志物的研究起源于油气勘探行业（Treibs，1936），在 20 世纪 60 年代伴随色谱-质谱技术的出现而得到快速发展。80 年代后生物标志物的研究向各个领域渗透，不仅用于石油、天然气的勘探，同时也在天然有机质（包括土壤、沉积物、气溶胶）的来源解析、历史植被和古气候重建、有机碳的周转与转化评估、食物链分析等研究领域有广泛的应用（Amelung et al.，2008；Eglinton et al.，1997；Feng et al.，2008；Jex et al.，2014；Kögel-Knabner，2002；Pollierer et al.，2012）。目前，SOC 分子组分的研究中常用的生物标志物主要包括游离态脂类化合物（蜡质脂类）、结合态脂类化合物（角质和软木脂）、酚类化合物（木质素）和氨基糖。本小节将针对这四类生物标志物的提取、分析及其在土壤研究中的应用进行详细的介绍。

#### 3.2.2.2 蜡质脂类的提取和分析

蜡质脂类是土壤有机质中脂肪族化合物的重要组成部分，能够反映有机质的来源、稳定性和转化过程等信息（Bull et al.，2000；Kögel-Knabner，2002；Otto and Simpson，2005）。土壤中的蜡质脂类可利用有机溶剂通过索式萃取、微波萃取、超声萃取以及加速溶剂萃取仪萃取等方法进行提取，其中超声萃取由于简单易操作而被广泛应用（Feng and Simpson，2007；Galy et al.，2011；Zocatelli et al.，2014）。提取得到的蜡质脂类化合物主要包括简单烷烃、脂肪酸、脂肪醇、甾醇和萜类等（Feng and Simpson，2007；Otto and Simpson，2005）。本小节以超声萃取（溶剂萃取法）为例介绍土壤中蜡质脂类提取的原理和步骤。

溶剂萃取法进行蜡质脂类提取的原理是：蜡质脂类是一类不溶于水，但可溶于有机溶剂的化合物，因此利用中等极性和极性有机溶剂（如甲醇、二氯甲烷）可以将土壤中的蜡质脂类萃取出来（Feng and Simpson，2007；Otto and Simpson，2005）。

溶解萃取法对土壤样品进行蜡质脂类测定分析主要包括土样预处理、提取、衍生化、样品上机和定量等步骤。野外采集的土壤样品自然风干后，去除土样中的石砾以及肉眼可见的动植物残体，过 2mm 土壤筛、研磨后混匀。对土壤样品进行提取时，称取适量土壤样品，置于 60ml 玻璃离心管内，分别用二氯甲烷、二氯甲烷-甲醇（体积比为 1∶1）、甲醇超声萃取 3 次，将 3 次萃取液混合后加入一定量 $C_{19}$ 脂肪酸作为回收内标。然后用玻璃纤维滤膜过滤，过滤后的萃取液旋转蒸发浓缩至近干。用二氯甲烷和甲醇的混合液将浓缩液转移至 2ml 小瓶中，并加入一定量的 $C_{18}$ 烷烃作为回收内标。样品在用气相色谱-质谱仪（gas chromatograph-mass spectrometer，GC-MS）进行测定前，需先进行衍生化处理，即取一定量上述浓缩后的萃取液置于 2ml 进样小瓶中，氮气吹至近干，然后加入一定量双(三甲基硅烷基)三氟乙酰胺（BSTFA）、吡啶和二氯甲烷，在 70℃下衍生化 3h，冷至室温后使用 GC-MS 定量检测分析。

溶剂可萃取的蜡质脂类化合物依据脂类分子中是否包含环状结构可分为脂肪族脂类和环状脂类。脂肪族脂类主要包括脂肪酸、脂肪醇和简单烷烃，碳链长度一般为 $C_{12}$～$C_{32}$；环状脂类主要由类固醇类（包括麦角固醇、胆固醇、豆甾醇等）和萜类（包括乌索酸、齐墩果酸、香树脂醇等）化合物组成（Otto and Simpson，2005）。按照蜡质脂类的生物来源，可将其分为三类：一类是微生物来源的蜡质脂类，包括短链（$C_{15}$、$C_{16}$、$C_{17}$ 和 $C_{18}$）的支链脂肪酸、胆固醇和真菌来源的麦角固醇；一类是植物来源的蜡质脂类，包括长链偶数碳脂肪酸和脂肪醇（$\geqslant C_{20}$）、长链奇数碳烷烃（$\geqslant C_{21}$）以及除麦角固醇和胆固醇之外的所有环状脂类；还有一类化合物来源不确定，包括短链（$< C_{20}$）脂肪酸[包括直链饱和与不饱和（即 $C_{16}$ 和 $C_{18}$ 烯酸和二烯酸）一元酸]、脂肪醇和烷烃，它们可能来源于微生物，也可能来源于植物长链脂类化合物的降解（Otto and Simpson，2005）。

在蜡质脂类化合物中，脂肪酸的碳优势指数（carbon preference index，CPI）和平均碳链长度（average carbon chain length，ACL）常用来指示土壤有机质的降解程度（Gleixner et al.，2001），其计算公式分别如下：

$$CPI = 0.5 \times \left( \frac{C_{20} + C_{22} + C_{24} + C_{26} + C_{28} + C_{30}}{C_{19} + C_{21} + C_{23} + C_{25} + C_{27} + C_{29}} + \frac{C_{20} + C_{22} + C_{24} + C_{26} + C_{28} + C_{30}}{C_{21} + C_{23} + C_{25} + C_{27} + C_{29} + C_{31}} \right) \quad (3.4)$$

$$ACL = \sum (Z_n \times n) / \sum Z_n$$

式中 $C_{19}$~$C_{31}$ 代表不同碳链长度的脂肪酸，$n$ 是碳链长度，$Z_n$ 是碳链长度为 $n$ 的脂肪酸的浓度。与短链脂肪酸相比，长链脂肪酸更难被降解，易于在土壤中富集，因此 ACL 值会随有机质降解而升高。此外，由于植物本身会合成偶数碳脂肪酸的同系物，故 CPI 值在植物体中较高，随着土壤有机质的降解 CPI 值逐渐降低（Wiesenberg et al.，2010）。

**蜡质脂类的应用**：蜡质脂类可以指示土壤有机质的来源和降解状态。Otto 和 Simpson（2005）采用超声萃取的方法研究了不同气候带草地和森林土壤样品中脂肪族脂类（包括脂肪酸、烷烃、脂肪醇）和环状脂类（类固醇和萜类化合物）的含量与降解特征，结合区域优势植物中蜡质脂类的组成特征，发现土壤中蜡质脂类的含量和组成主要是受当地植物输入的影响，并且通过对比植物和土壤样品中脂肪酸、烷烃、脂肪醇等化合物的组成状况，总结出植物来源和微生物来源的蜡质脂类：长链偶数碳脂肪酸和脂肪醇、长链奇数碳烷烃（≥$C_{20}$）以及萜类和除麦角固醇与胆固醇之外的类固醇均指示植物来源的土壤有机质，而短链（<$C_{20}$）脂肪酸、脂肪醇和烷烃则主要来自微生物的土壤有机质。Wiesenberg 等（2010）利用脂肪酸和烷烃两类化合物研究了其在土壤不同组分（包括自由态颗粒物、闭蓄态颗粒物和矿质土壤）中的保存状态；研究结果表明植物来源的长链脂肪酸含量是随着土壤组分密度的增加而增加的，而短链脂肪酸的含量则是降低的；土壤中大约 60%的脂类保存在矿质组分中，表明土壤矿物对脂类具有很强的保存作用；此外，计算发现 CPI 值随有机质的降解而降低，ACL 值则随有机质的降解而升高（图 3.7）（Wiesenberg et al.，2010），因此 CPI 和 ACL 可以指示土壤有机质的降解程度。

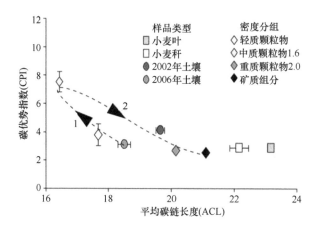

图 3.7　长链（$C_{20}$～$C_{30}$）脂肪酸的碳优势指数（CPI）和平均碳链长度（ACL）（Wiesenberg et al.，2010）

箭头 1、2 分别指示植物生物量进入土壤组分之后两个阶段的降解路径，中质颗粒物 1.6 和重质颗粒物 2.0 分别是指以偏钨酸钠密度 1.6g/cm³ 和 2.0g/cm³ 分开的两个颗粒态组分

　　中国草地土壤有机碳储量约占中国陆地土壤有机碳储量的 1/3，在中国陆地生态系统碳循环中扮演着重要角色。Dai 等（2018，2016）利用超声萃取的方法分析了温带草地和高寒草地土壤有机碳库的分子组成（包括植物和微生物来源的脂肪族脂类和环状脂类）、分布特征及其关键控制因素。结果表明：尽管蜡质脂类的植物输入量在高寒与温带草地土壤中无显著差异，但青藏高原温度低，限制了土壤有机质的降解，使得高寒草地土壤中糖类和植物来源的化合物含量显著高于温带草地土壤中的含量（图 3.8）；控制高寒和温带草地土壤有机碳库分子组成的关键环境因素是不同的，在高寒草地，植物地下生物量起着关键作用，而在温带草地，气候起着决定作用（图 3.9）。特别是脂肪族脂类与年平均气温的关系，在温带草地和高寒草地呈现相反的变化趋势，即在温带草地，脂肪族脂类含量随着年平均气温的升高而升高，主要归因于土壤不稳定有机碳组分（如糖类）的优先降解；而在高寒草地，脂肪族脂类含量则是随着年平均气温的升高而降低，

主要归因于植物输入的大量非脂类组分对脂肪族脂类的稀释作用。综上所述，该研究通过对比分析温带草地和高寒草地土壤有机碳库的分子组成和分布特征，揭示了控制温带和高寒草地土壤有机碳组分分布的关键过程，在温带草地是气温主导的降解过程，而在高寒草地则是植物的输入过程。以上结果预示，由于分子组成的差异，高寒与温带草地土壤有机碳对植被和环境变化将有不同的响应。该研究对深入理解草地土壤有机碳动态及对全球变化的响应具有重要意义。

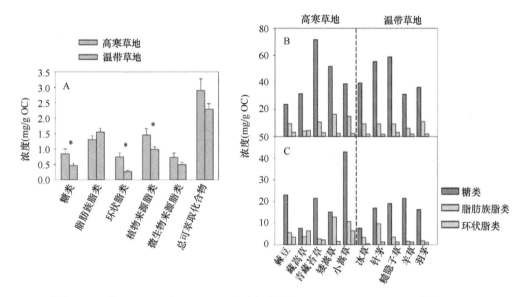

图 3.8　高寒和温带草地表层土壤（A）以及优势植物地上（B）和地下（C）组织中利用溶剂萃取得到的化合物浓度和组成，包括糖类、脂肪族脂类、环状脂类、植物来源脂类、微生物来源脂类（Dai et al.，2018）

*表示不同处理间具有显著差异（P<0.05）；OC 表示有机碳

### 3.2.2.3　角质和软木脂的提取和分析

角质和软木脂是存在于植物体的酯类聚合物。角质是角质层的主要成分，一般存在于植物地上部分的叶、花和果实的表面，保护植物免受生物和非生物胁迫；软木脂通常存在于植物树干、根系及愈后的植物伤口表面（Kolattukudy，1980；Pollard et al.，2008）。角质和软木脂主要由不同碳链长度的烷酸、羟基烷酸及羟基二酸组成（Mendez-Millan et al.，2010；Mueller et al.，2012）；软木脂还包括少量醚键连接的芳香族化合物，这类化合物的存在使得软木脂比角质更稳定（Bernards，2002；Graca，2015）。虽然角质和软木脂在植物体内的含量不高，但这类植物来源的化合物在土壤中十分稳定，是 SOC 的重要组分（Feng et al.，2008）。在草地生态系统中，角质和软木脂通常被用来指示地上、地下部分来源的有机碳（Crow et al.，2009）。通常，角质和软木脂可通过碱式水解的方法提取得到（Otto and Simpson，2006a）。

碱式水解法进行角质和软木脂测定的原理是：高温碱性条件下，连接角质和软木脂大分子聚合物之间的酯键被断开，可得到组成角质和软木脂聚合物的单体（Otto and

Simpson，2006a）。

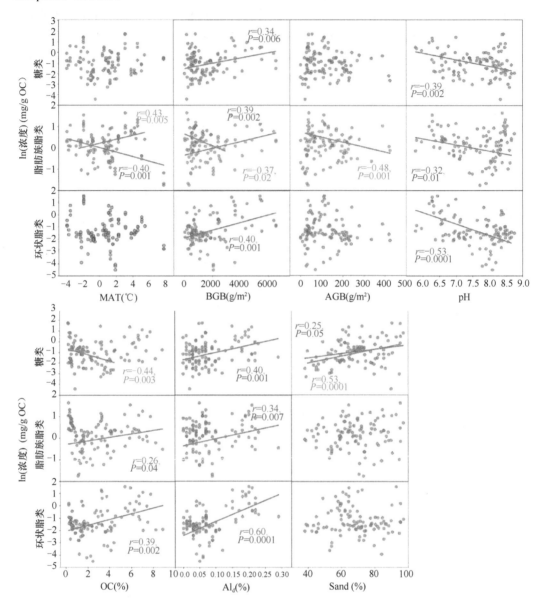

图 3.9　高寒与温带草地表层土壤中糖类、脂肪族脂类和环状脂类的浓度与环境因子的关系
（Dai et al.，2018）

MAT，年均大气温度；BGB，植物地下活根生物量；AGB，植物地上生物量；OC，有机碳；
Al$_d$，连二亚硫酸钠提取的活性铝含量；Sand，土壤砂粒含量。蓝色，高寒草地；橙色，温带草地

碱式水解法提取步骤是：首先，野外采集的土壤样品经过风干、过筛、研磨处理后，混匀备用。称取适量样品加入特氟龙管内，并加入 1mol/L 氢氧化钾溶液，将特氟龙管放入金属罐内密封后放入 100℃烘箱内加热反应 3h；取出金属罐，冷却至室温后，转移悬浊液至特氟龙离心管；并向溶液中加入 C$_{19}$ 正构烷酸作回收内标；离心，将上清液转移至干净的分液漏斗。向离心管加入一定量二氯甲烷与甲醇混合液，超声后再次离心并

将上清液转移至分液漏斗，重复两次以保证目标化合物彻底转移；向分液漏斗中加入盐酸至溶液 pH<2，再加入超纯水和二氯甲烷，通过液液萃取的方法得到目标化合物。萃取过程重复 3 次并将萃取液收集到干净的玻璃瓶中；通过氮吹将萃取液浓缩，并加入甲醇与盐酸混合液，在 70℃条件下进行甲基化反应；反应结束冷却至室温，加入正己烷与二氯甲烷混合液进行萃取，萃取液收集至干净的玻璃瓶中，此过程重复 3 次；再次通过氮吹将萃取液浓缩，将浓缩液转移至 2ml 小瓶，并加入 $C_{18}$ 烷烃作定量内标。样品的衍生化条件和上机步骤与蜡质脂类化合物（3.2.2.2 节）一致。

碱式水解法得到的角质主要是一些中等链长的脂肪酸，包括 $C_{14}$ 羟基酸以及 $C_{15}$ 和 $C_{16}$ 的羟基、二羟基的一元酸和二元酸；软木脂主要包括长链（>$C_{20}$）二元酸、长链 ω-羟基酸及 $C_{18}$ 环氧基-ω-羟基二酸；还有一部分化合物 $C_{16}$ 和 $C_{18}$ ω-羟基酸、二元酸和 $C_{18}$ 的羟基酸则是角质或软木脂来源的化合物。与角质相比，软木脂更难降解，主要是由于软木脂中存在含有酚类结构的化合物。因此，角质与软木脂的比值（cutin/suberin）会随有机质的降解而降低（Otto and Simpson，2006a）。此外，角质中的 ω-羟基酸被认为是较难降解的一类化合物。常利用 ω-$C_{16}$ 羟基酸相对于总 $C_{16}$ 酸（包括 ω-$C_{16}$ 羟基酸、α,ω-$C_{16}$ 二羟基酸和中链 $C_{16}$ 取代酸）的比值（ω-$C_{16}$/$\sum C_{16}$）和 ω-$C_{18}$ 羟基酸相对于总 $C_{18}$ 酸（包括 ω-$C_{18}$ 羟基酸、α,ω-$C_{18}$ 二羟基酸和中链 $C_{18}$ 取代酸）的比值（ω-$C_{18}$/$\sum C_{18}$）指示土壤中角质的降解程度。比值 ω-$C_{16}$/$\sum C_{16}$ 和 ω-$C_{18}$/$\sum C_{18}$ 均会随着降解程度的增加而升高（Otto and Simpson，2006a）。

**角质和软木脂的应用**：角质和软木脂是利用碱式水解法提取的脂类化合物，与简单的溶剂萃取的蜡质脂类相比具有更高的稳定性（Kögel-Knabner，2002）。Otto 和 Simpson（2006a）利用碱式水解的方法提取了草地和森林土壤以及优势植物中的角质和软木脂，结果表明土壤中角质和软木脂的组成与地上植物中的组成相似，表明植物来源的角质和软木脂在土壤中的保存状态较好，可以作为植物来源有机质的生物标志物；此外，该研究发现角质和软木脂的比值呈现出从植物到土壤逐渐降低的趋势，主要归因于土壤中植物叶片输入的角质的减少和根输入的软木脂的增加；ω-$C_{16}$/$\sum C_{16}$ 和 ω-$C_{18}$/$\sum C_{18}$ 呈现出从植物到土壤增加的趋势，表明随降解程度的增加，比值增加，因此比值 ω-$C_{16}$/$\sum C_{16}$ 和 ω-$C_{18}$/$\sum C_{18}$ 可以指征土壤中角质和软木脂的降解程度。

在草地生态系统中，土壤中的角质和软木脂单体常用来追踪植物地上和地下的碳输入（Otto and Simpson，2006a）。基于此，Ma 等（2019）利用碱式水解的方法提取了青藏高原高寒草地和蒙古高原温带草地优势植物及土壤中的角质和软木脂，并计算了可有效指示地下根来源的软木脂的保存效率。研究结果显示高寒草地土壤中角质和软木脂的含量以及保存效率均显著高于温带草地土壤（图 3.10），而降解程度（用 ω-$C_{18}$/$\sum C_{18}$ 值指征）低于温带草地土壤，表明高寒低温环境有利于植物来源的角质和软木脂的保存。植物来源的角质和软木脂的分布在高寒与温带草地受到的影响因素也是不同的，在高寒草地主要受到土壤有机碳和根量的影响，而在温带草地主要受到年均降水的影响（图 3.11）；根来源的有机碳作为草地土壤碳的重要来源，其保存效率主要受到土壤有机碳含量和根量的影响（图 3.11），并且在高寒草地中保存效率对土壤有机碳含量变化的响应更加敏感，该研究对预测未来气候变化背景下植物根对土壤有机碳动态变化的响应具有重要意义。

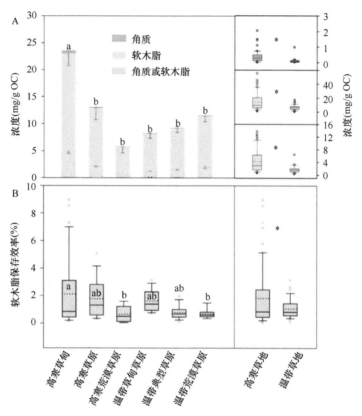

图 3.10　高寒与温带草地不同植被类型土壤中角质、软木脂和角质或软木脂的含量以及软木脂的保存
效率（Ma et al.，2019）

*表示差异显著（$P<0.05$）

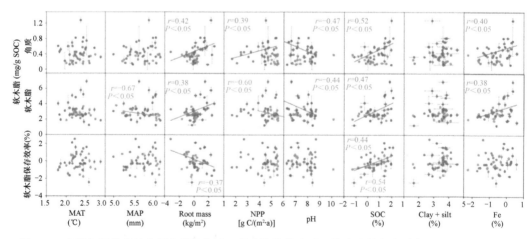

图 3.11　高寒与温带草地表层土壤中角质、软木脂的浓度以及软木脂的保存效率与环境因子的关系
（Ma et al.，2019）

MAT，年均大气温度；MAP，年均大气降水；Root mass，根（活根+死根）量；NPP，净初级生产力；SOC，土壤有机碳；
Clay+silt，土壤黏粒和粉粒含量；Fe，连二亚硫酸钠提取的活性铁含量。蓝色，高寒草地；橙色，温带草地

### 3.2.2.4  木质素的提取和分析

木质素是一类含有氧代苯丙醇或其衍生物结构单元的芳香性大分子聚合物（图 3.12）（Sarkanen and Ludwig，1971），主要来源于陆地维管植物的细胞壁，其在植物干重生物量中的比例高达 30%，仅次于纤维素和半纤维素（Kirk and Farrell，1987），是土壤有机

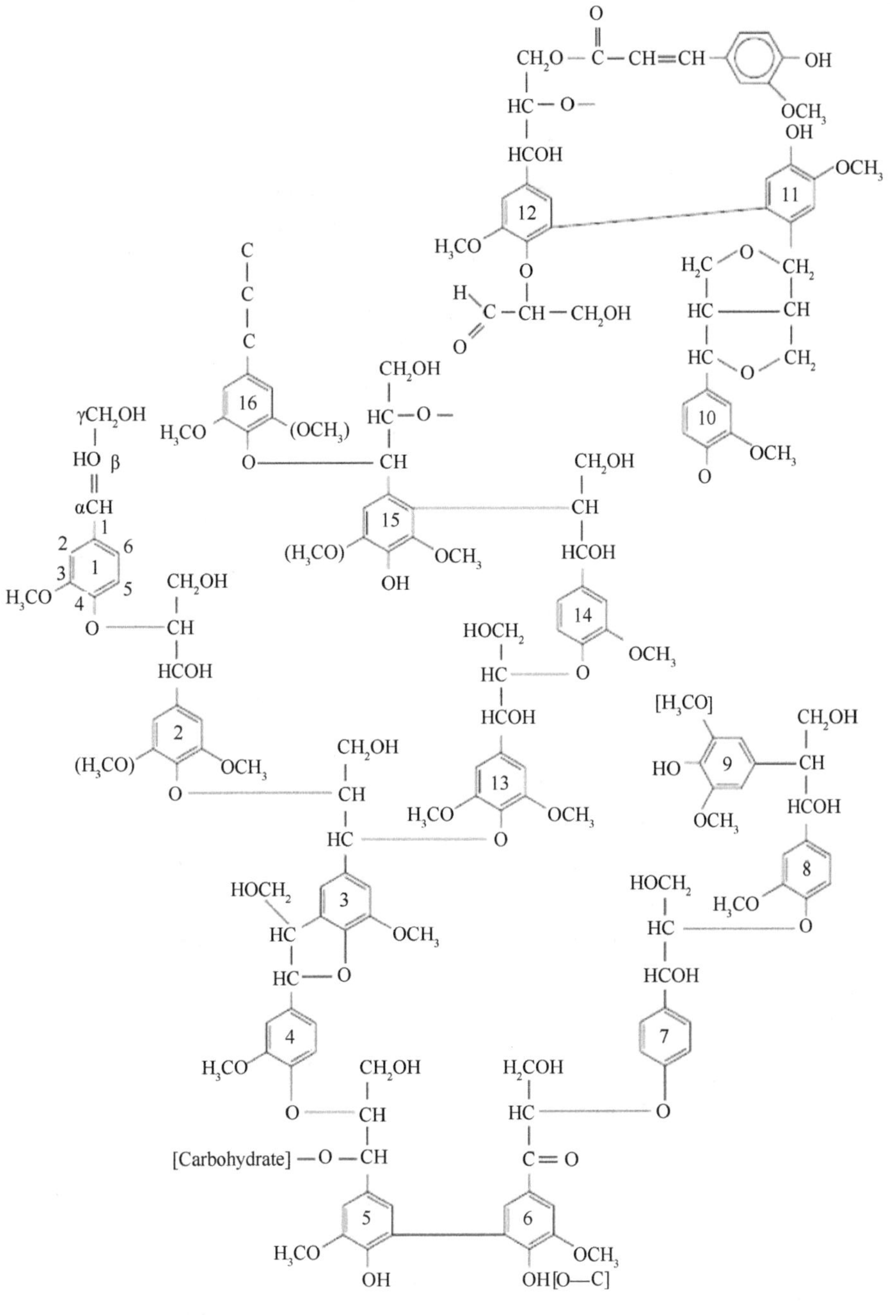

图 3.12  木质素的大分子结构（Bianchi and Canuel，2011）

Carbohydrate，糖类

质的重要来源。传统的凋落物降解研究认为，木质素是土壤有机质的主要惰性组分，是土壤有机质周转速率的主要影响因子。木质素芳香性的结构使其在土壤的生物地球化学循环过程中保持一定的稳定性，因此木质素可作为陆源有机碳的一种经典生物标志物，反映土壤中植物来源的有机碳的变化（Hedges and Parker，1976）。自然界中，木质素与纤维素、半纤维素等常常相互连接，形成木质素-糖类大分子复合体，故针对结构完全不受破坏的原本木质素分子的分析非常困难。目前常用的木质素分析方法包括克拉松（Klason）法、四甲基氢氧化铵-裂解-气相色谱-质谱法和碱式氧化铜-气相色谱-质谱方法。Klason 法通过两步硫酸（分别用浓硫酸和稀硫酸）水解的方法，最终得到的不溶于酸的部分被认为是 Klason 木质素（Kirk and Obst，1988）；该方法的不足之处在于它不能完全移除在结构上与木质素连接在一起的半纤维素，因此会高估木质素的含量（Bunzel et al.，2011；Hatfield and Fukushima，2005）。此方法主要用于植物分析，不能用于土壤中木质素结构的分析。四甲基氢氧化铵-裂解-气相色谱-质谱法通过对裂解产物中的羟基、氨基、羧基等基团原位甲基化后（Hatcher et al.，1995），再通过 GC-MS 进行测定分析；该方法检测到木质素来源酚类的同时也能检测到非木质素（如单宁）来源的酚类，因此也会高估木质素的含量（Filley et al.，2006）。近些年来，碱性氧化铜提取木质素酚的方法被更为广泛地应用到土壤木质素的研究中（Hedges and Ertel，1982；Thevenot et al.，2010），本小节也将对该方法进行详细的总结归纳。

碱式氧化铜法进行木质素测定的原理是：在碱性条件下，利用氧化铜氧化的方法断裂木质素大分子中的醚键，以释放出一系列单环酚类（Hedges and Ertel，1982；Hedges and Parker，1976），并以这些单环酚类的含量和比值来指示土壤中木质素的含量、来源和降解程度（Feng et al.，2016；Otto and Simpson，2006b）。

采用碱式氧化铜法对土壤样品进行木质素测定分析主要包括土样预处理、提取、衍生化、样品上机和定量等步骤。野外采集的土壤样品经过风干或冻干后，拣去动植物残体和石砾等大颗粒，过 2mm 孔径的筛子并充分混匀后进行研磨处理，常温保存以便后续提取分析。对土壤样品进行提取时，称取 1g 左右的预处理后的土壤样品放入特氟龙管中，再向其中加入 1g CuO 粉末、0.2g 硫酸亚铁铵固体以及 15ml 的无氧氢氧化钠溶液（2mol/L），并将罐体顶空部分充满氮气。将特氟龙管放入配套的铁罐中，拧紧盖子，放入预调至 170℃的烘箱中加热反应。反应 3h 后，将铁罐在流水下冲至常温，取出特氟龙管；将溶液转移至 50ml 离心管中，配平后离心 15min，之后将上清液转移至新的离心管中；用去离子水将残土冲洗至离心管中，放入超声仪中超声 15min，超声后的溶液配平离心，上清液与之前的上清液混合，重复清洗两次以保证目标化合物彻底转移。向上清液中加入回收内标乙基香草醛，充分混合后再向其中加入浓盐酸调节其 pH 至<2，黑暗条件下静置 1h 以上以进行酸化处理。酸化后的溶液，离心后将上清液转移至 60ml 玻璃管，加入乙酸乙酯进行萃取，上层液体转移至 40ml 玻璃管，重复萃取转移 3 次。通过氮吹将萃取液浓缩，将浓缩液转移至 2ml 小瓶，加入反式肉桂酸作定量内标，样品写好标签后保存于−20℃冰箱中。样品在气相色谱-质谱联用仪（GC-MS）进行测定前，需先进行衍生化处理，即取一定量上述浓缩后的萃取液置于 2ml 进样小瓶中，氮气吹至近干，然后加入一定量双(三甲基硅烷基)三氟乙酰胺（BSTFA）、吡啶和二氯甲烷，在 70

℃下衍生化 3h，冷至室温后使用 GC-MS 定量检测分析。

碱式氧化铜法得到的木质素酚类单体主要有 11 种，可分为 P 类（即对羟基酚类，包括对羟基苯甲醛、对羟基苯乙酮和对羟基苯甲酸）、V 类（即香草基酚类，包括香草醛、香草酮和香草酸）、S 类（即紫丁香基酚类，包括丁香醛、丁香酮和丁香酸）和 C 类（即肉桂基酚类，包括对香豆酸和阿魏酸）（Hedges and Mann，1979；Thevenot et al.，2010）（图 3.13）。由于 P 类可能来源于非木质素组分（非陆地维管植物来源）（Wilson et al.，1985），故土壤木质素酚类的含量只包括 V、S 和 C 三类单体，即以 V、S 和 C 三类单体的总量来确定土壤木质素酚类的含量。土壤中木质素酚类含量的表征包括绝对和相对含量两种形式，前者指单位质量土壤中木质素酚类的总和（即 $\sum_8$），后者指每 100mg 土壤有机碳中木质素酚类的总和（即 $\Lambda_8$）（Hedges and Parker，1976）。由于 S 类单体仅来源于被子植物，C 类单体主要存在于木本植物的叶片或草本植物中，而所有被子和裸子植物的木质和草本组织都产生 V 类单体，因此，S/V 值可提供裸子和被子植物来源有机碳对土壤有机质的相对贡献的信息；C/V 值可以区分木本和草本组织来源有机碳的贡献（图 3.14）（Jex et al.，2014；Thevenot et al.，2010）。在土壤环境中，V 和 S 类单体的酸醛比（Ad/Al 值）可以表征木质素的降解程度，一般来讲，Ad/Al 值随着木质素氧化程度的增加而增加（Hedges et al.，1988；Opsahl and Benner，1995；Otto and Simpson，2006b）。需要注意的是，S 类化合物易被优先降解，也能导致 S/V 值的下降（Ertel and Hedges，1984）；同时，酸类化合物易通过淋溶输出，导致 Ad/Al

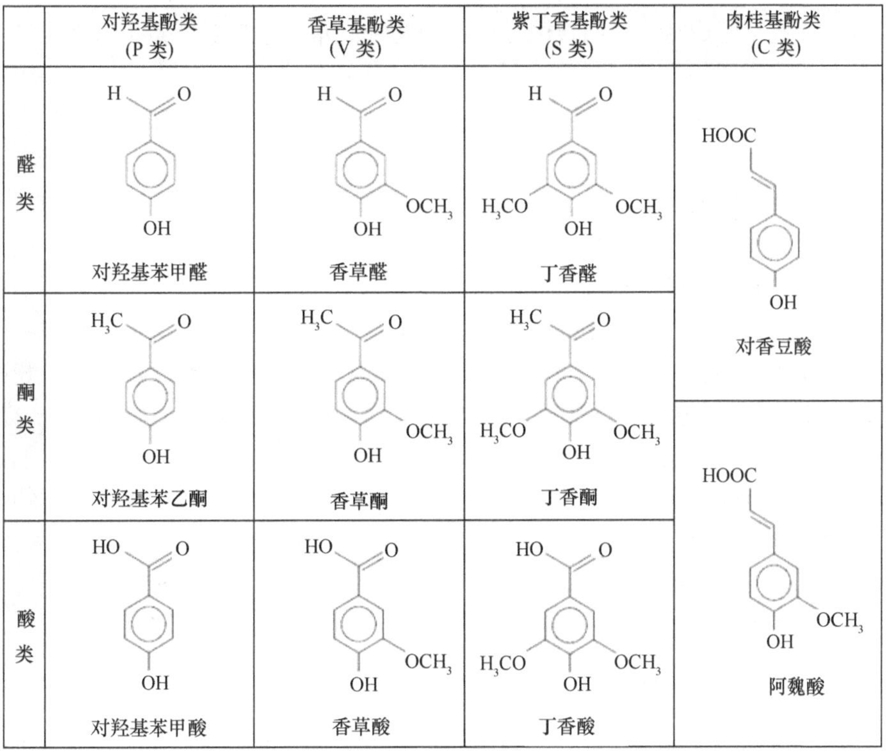

| | 对羟基酚类<br>（P 类） | 香草基酚类<br>（V 类） | 紫丁香基酚类<br>（S 类） | 肉桂基酚类<br>（C 类） |
|---|---|---|---|---|
| 醛类 | 对羟基苯甲醛 | 香草醛 | 丁香醛 | 对香豆酸 |
| 酮类 | 对羟基苯乙酮 | 香草酮 | 丁香酮 | 阿魏酸 |
| 酸类 | 对羟基苯甲酸 | 香草酸 | 丁香酸 | |

图 3.13　碱式氧化铜法得到的木质素酚类单体

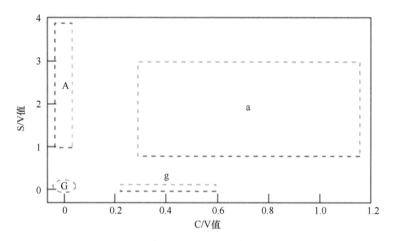

图 3.14 木质素酚类的 S/V 值和 C/V 值指征的裸子和被子植物及木本和草本组织的相对贡献
（Hedges and Mann，1979）

A，木本被子植物；a，草本被子植物；G，木本裸子植物；g，草本裸子植物

值的变化（Hernes et al.，2007）。因此，在使用这些指标时应结合研究的实际情况进行分析。

**木质素的应用**：近些年，木质素酚类被广泛应用于解析土壤有机质的来源、组成和降解变化（Amelung et al.，2008；Ma et al.，2018；Otto and Simpson，2006b）。Otto 和 Simpson（2006b）采用碱式氧化铜方法研究了不同气候带不同深度的草地和森林土壤中木质素酚类含量与组成特征，结合区域内优势物种的木质素酚类特点，发现区域植被类型影响了木质素酚类的组成，并且木质素酚类的降解程度沿着植被-表土-深层土呈现出上升的趋势，表明木质素酚类是指征土壤有机质来源和降解变化的一种特征生物标志物。由于具有芳香性结构，木质素常被认为是不易被微生物利用的组分而保留下来，继而成为土壤稳定碳库的主要组分。但是，近年研究发现木质素并没有以往认为的那么"懒惰"，其在土壤中的停留时间甚至比总有机碳还要短（Schmidt et al.，2011）。因此，关于不同土壤中木质素降解规律及机制的研究越来越多，急需对以往土壤木质素的相关研究进行综合整理和分析。Thevenot 等（2010）就通过整合以往关于木质素组成和降解的研究，阐明了不同气候条件和土地利用方式下不同类型土壤中木质素的来源和降解特征，并重点阐述了木质素在不同深度和不同粒级土壤中的分布规律。特别值得一提的是，Thevenot 等（2010）整合了 29 个不同研究中黏粒、粉粒和砂粒土壤中木质素的含量，发现木质素的含量随土壤粒级的变化呈现出粗砂粒＞细砂粒＞粉粒＞黏粒（图 3.15A）；同时，不同粒级土壤中香草基和紫丁香基酚类的酸醛比随着粒级的降低而增加（图 3.15B），即在黏粉粒土壤中的酸醛比最高，说明了黏粉粒中木质素的降解程度最高，表明了黏土矿物在土壤木质素保存过程中的重要性。

### 3.2.2.5 氨基糖的提取和分析

氨基糖是一个羟基被氨基取代的单糖，土壤中的氨基糖主要来源于细菌、真菌及放线菌的细胞壁残留物，具有较高的稳定性及微生物异源性（Amelung，2001；Glaser et al.，

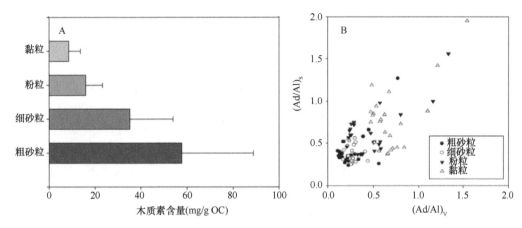

图 3.15　不同粒级土壤中木质素含量分布（A）以及香草基和紫丁香基酚类的酸醛比随粒级的变化规律（B）

2004；Joergensen，2018）。此外，由于只有一小部分氨基糖存在于活体微生物，因此氨基糖通常被用来指示微生物残体对 SOC 的贡献（Joergensen，2018；Liang et al.，2010；Zhang and Amelung，1996）。目前可检测到的微生物来源的氨基糖有 26 种，SOC 的研究主要关注氨基葡萄糖、氨基半乳糖、胞壁酸和氨基甘露糖四种化合物（Amelung，2001）。这四类化合物可贡献土壤总氮的 5%～12%（Stevenson，1982）、SOC 的 2%～5%（Joergensen and Meyer，1990）。目前常用的氨基糖分析方法包括酸式水解-气相色谱（-质谱）方法和酸式水解-高效液相色谱方法。首先利用浓盐酸水解的方法，根据样品情况进行 3～8h 的水解（Appuhn et al.，2004；Zhang and Amelung，1996）得到氨基糖的单体化合物，并进行一系列的纯化浓缩；再通过气相色谱（-质谱）或者高效液相色谱的方法进行测定分析。本小节将对酸式水解-气相色谱（-质谱）方法进行详细的介绍。

　　酸式水解法进行氨基糖测定的原理是：在酸性条件下，利用浓盐酸将微生物细胞壁水解以释放其中的氨基糖和胞壁酸等单体化合物，并以这些化合物的含量来指示土壤中残体微生物的含量和来源（Amelung，2001；Liang et al.，2017；Zhang and Amelung，1996）。

　　采用酸式水解法对土壤样品进行氨基糖测定分析主要包括土样预处理、提取、衍生化、样品上机和定量等步骤。野外采集的土壤样品经过风干或冻干后，拣去动植物残体和石砾等大颗粒，过 2mm 孔径的筛子并充分混匀后进行研磨处理，常温保存以便后续提取分析。对土壤样品进行提取时，称取 0.5g 左右的预处理后的土壤样品放入水解瓶中，再向其中加入 10ml 的 6mmol 盐酸溶液，并将水解瓶放入调至 105℃的烘箱中加热反应。反应 8h 后，将水解瓶冷却至室温后加入回收内标肌醇，振荡摇匀后过滤。将滤出液彻底蒸干，残渣用去离子水转移到离心管中，调节 pH 至 6.6～6.8 并离心，上清液再次蒸干后用无水甲醇将残留的固体残渣转移到衍生瓶中，通过氮吹将萃取液彻底吹干。将固体干燥物溶解后向每个样品中加入定量内标 N-甲基氨基葡糖胺。另取 3 个 5ml 的衍生瓶分别依次加入肌醇、N-甲基氨基葡糖胺、胞壁酸、氨基糖标准混合液（氨基葡萄糖、氨基半乳糖、氨基甘露糖）及 1ml 去离子水后冷冻干燥。样品在 GC-MS 进行测定前，需先进行衍生化处理。向冷冻干燥后的样品和标样中各加入 0.3ml 衍生化试剂[加入 4-二甲氨基吡啶（40mol/L）和盐酸羟胺（32mol/L）的吡啶-甲醇（$V/V$，4∶1）的混合液]，盖好瓶盖振荡均匀，将衍生瓶置于 75～80℃ 的电磁炉上加热 30～40min 后取下冷却至室温；向衍生瓶中加入 1.0ml 乙酸酐，盖紧瓶盖摇匀后再次置于 75～80℃ 的电磁炉上加热。冷却至室温后，向衍生瓶中加入 1.5ml 二氯甲烷，盖紧瓶盖振荡片刻，加入 1ml HCl（1mol/L）后再次盖紧瓶盖振荡摇匀，静置后将上层无机相移除；按相同方式，用去离子水重复萃取 3 次。将纯化的有机相氮吹至彻底干燥，最后用乙酸乙酯-正己烷（$V/V$，1∶1）溶解并转移至 2ml 色谱瓶，使用 GC-MS 定量检测分析。

测定得到的单体化合物包括 4 种，即氨基葡萄糖、氨基半乳糖、氨基甘露糖和胞壁酸（Amelung，2001；Joergensen，2018；Liang and Balser，2012；Zhang and Amelung，1996）。其中氨基葡萄糖主要来源于真菌（Parsons，1981），占土壤中氨基糖总量的 47%～68%（Joergensen，2018）；氨基半乳糖在土壤中含量仅次于氨基葡萄糖，占土壤中氨基糖总量的 17%～42%（Joergensen，2018）。虽然氨基半乳糖存在于细菌和真菌的细胞壁（Banfield et al.，2017；Engelking et al.，2007；Glaser et al.，2004；Gunina et al.，2017），但是在过去很长一段时间里，人们认为氨基半乳糖主要来源于细菌（Cheshire，1979；Parsons，1981）。胞壁酸仅来源于细菌细胞壁，占土壤氨基糖总量的 3%～16%（Joergensen，2018）。氨基甘露糖同时存在于细菌和真菌的细胞壁（Glaser et al.，2004），且在土壤中的含量较低，平均约占土壤中氨基糖总量的 4%（Joergensen，2018）。其中，人们常用氨基葡萄糖与氨基半乳糖的比值（GluN/GalN）和氨基葡萄糖与胞壁酸的比值（GluN/MurA）来表征真菌与细菌残体对土壤有机质的相对贡献（Amelung，2001；Lauer et al.，2011）。Liang 等（2007）建议在两种不同的评价体系中使用以上两个比值：GluN/GalN 用于评价较老的土壤，GluN/MurA 用米评价年轻的土壤。因此，在使用以上两个指标时应结合研究的实际情况进行分析。

**氨基糖的应用**：Dai 等（2018）利用生物标志物技术研究了中国-蒙古温带草地样带表层土壤中氨基糖和木质素酚类的含量与组成，分析了微生物残体与植物木质素酚类在土壤中的相对丰度，通过进一步的分析发现氨基糖和木质素酚类在温带草地的表层土壤中具有截然不同的分布格局：在干旱的温带荒漠土壤中，微生物降解活动受限，SOC 中木质素酚类的相对含量较高、氨基糖较低；随着湿润度的增加，木质素酚类的降解和氨基糖的积累同时增强；通过进一步整合全球草地数据发现，SOC 含量与木质素酚类呈负相关，与氨基糖则呈正相关，在区域尺度上证明了微生物残体碳在草地土壤有机碳积累中的关键作用（图 3.16A）；同时，样带表层土壤中氨基糖和木质素酚类的含量都主要受到气候干旱度的控制（图 3.16B）。此外，研究发现，在土壤质地较粗的草地土壤中，土壤水分控制了微生物残体碳的积累；在土壤质地较细的草地土壤中，黏粒矿物的保护作用控制了微生物残体碳的积累。该研究为解释 SOC 的积累机制和预测未来土壤碳库动态提供了新的依据，也证实了生物标志物技术在实际应用中的有效性。

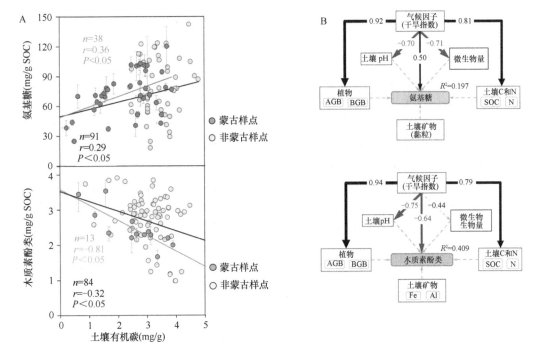

图 3.16　中国-蒙古草地土壤中氨基糖和木质素酚类与 SOC 的相关关系（A）以及影响土壤中氨基糖和木质素酚类积累的主要环境因子（B）

# 3.3　土壤酶活性测定

　　土壤酶是土壤组分之一，是一种具有加速土壤生化反应速率功能的蛋白质。它参与土壤生物化学过程中许多有关物质循环和能量流动的反应（耿玉清和王冬梅，2012；张志丹和赵兰坡，2006）。可以说它不仅是土壤中有机物转化的执行者，也是植物营养元素的活性库。现在土壤酶学的发展已经与农学、生态学、林学、水土保持科学等相互交叉、渗透，在几乎所有的生态系统监测和研究中，土壤酶活性已成为必不可少的检测指标（张玉兰等，2005）。本小节整理总结了土壤酶的来源、分类和功能及其不同的测定方法。

### 3.3.1　土壤酶的来源

　　土壤酶是存在于土壤中所有酶的总称。目前，已经被鉴定出的土壤酶有 60 多种。土壤酶来源于土壤微生物、植物根系和土壤动物的分泌物及其残体的分解物等（Smith，1981），其中土壤微生物数量庞大而且能够快速繁殖，是土壤酶最主要的来源。植物根系的分泌和释放是土壤酶的另一个重要来源，Dick 和 Deng（1991）的研究表明，植物根际土壤比非根际土壤土壤酶活性更强。此外，也有报道表明（Park et al.，1992；Syers et al.，1979），土壤中磷酸酶、脲酶来源于蚯蚓的排泄物。

### 3.3.2 土壤酶的分类

国际酶学委员会于 1961 年提出了一个关于酶的分类系统，该系统按照酶的催化反应类型和功能，把已知的酶分为 6 大类，即氧化还原酶、转移酶、水解酶、裂合酶、异构酶和连接酶。土壤中酶活性的研究目前主要涉及前 4 种酶。其中氧化还原酶类主要包括过氧化氢酶、脱氢酶、过氧化物酶、多酚氧化酶、硫酸盐还原酶、亚硝酸还原酶、硝酸还原酶等，主要用于催化氢的转移或氧化还原反应中电子的传递；转移酶主要包括转氨酶、转糖苷酶、己糖激酶、果聚糖蔗糖酶等，用于催化某些化合物中基团的转移，即一种分子上的某一基团转移到另一分子上的反应；水解酶类主要包括脲酶、蔗糖酶、淀粉酶、磷酸酶、脂肪酶、纤维素酶等，能水解多糖、蛋白质等大分子物质，从而形成简单的、易被植物吸收的小分子物质，对于土壤生态系统中的 C、N 循环具有重要作用；裂合酶主要包括谷氨酸脱羧酶、天冬氨酸脱羧酶、色氨酸脱羧酶等，但现在对于这类酶的研究还很少。目前研究最多的主要是水解酶和氧化还原酶。水解酶主要参与营养元素转化的矿质化过程，研究内容丰富，种类繁多。本小节按照与碳循环相关的酶进行了分类概括。

#### 3.3.2.1 参与土壤碳素循环的水解酶

主要有纤维素酶、淀粉酶、蔗糖酶和木聚糖酶。

1）土壤纤维素酶能催化土壤中最重要的碳水化合物——纤维素的水解，是我国学者研究频率较高的一种水解酶。土壤纤维素酶是催化纤维素水解的土壤酶的总称，根据其催化反应功能的不同可分为内切 α-1,4-葡聚糖苷酶、外切葡聚糖酶和 β-葡糖苷酶。其中，内切 α-1,4-葡聚糖苷酶可以水解淀粉，释放葡萄糖；外切葡聚糖酶，又称纤维二糖酶，它从纤维素多糖链的末端释放聚糖，目前已引起我国学者的重视；β-葡糖苷酶能水解纤维二糖和其他水溶性的纤维糊精并产生葡萄糖（Klose and Tabatabai，2015），是目前研究最广泛的一种土壤纤维素酶。

2）淀粉酶是水解淀粉和糖原的酶类总称，根据酶水解产物异构类型的不同可分为 α-淀粉酶与 β-淀粉酶，土壤中存在的淀粉酶以 β-淀粉酶为主。淀粉酶是我国研究频率较多的一种重要的水解酶。

3）蔗糖酶又称转化酶，主要水解蔗中的 β-D-呋喃果糖苷键，产生葡萄糖和果糖，对有机碳转化具有重要作用（陈红军等，2008）。蔗糖酶是我国目前研究最为广泛的一种参与碳素循环的水解性土壤酶。

4）木聚糖酶是一种参与植物残体半纤维素水解的重要酶（Luxhøi et al.，2002），我国尚未开展此方面的研究。

#### 3.3.2.2 参与土壤碳素循环的氧化酶

主要有多酚氧化酶（polyphenol oxidase，PPO）和过氧化物酶（peroxidase，PER）。

多酚氧化酶用氧分子作为电子受体，氧化分解多酚类物质；过氧化物酶用 $H_2O_2$ 作为电子受体，氧化分解木质素、芳香族化合物。由于这些酶催化的反应很多与放出能量或获得能量有关，因此这些酶在土壤的能量流动方面扮演着重要角色，此外，氧化酶还参与了土壤腐殖质组分的合成及土壤的形成过程。

### 3.3.3　土壤碳循环相关酶活性的测定

#### 3.3.3.1　土壤样本的采集及贮存方法

土壤酶主要来源于活的微生物，因此酶活性对环境的变化十分敏感。土壤样品采集时，首先是根据实验需求确定样地及土层的深度，在所选择的样地中一般是采用五点取样法，然后混合同土层土样，根据实验设计需求设置重复，最少 3 个重复。随后进行测定或贮存，几周内一般在 4℃ 条件下贮存，其次是在 -20℃ 环境中保存；几个月甚至更长的时间一般选择风干贮藏。

#### 3.3.3.2　土壤酶活性测定的方法

土壤酶活性的测定是进行土壤酶学研究的基础。目前，土壤酶活性的测定方法较多，但并没有统一方法，常见的有分光光度法、荧光分析法、放射性同位素法及部分物理方法如滴定法等，其中常见的是传统的分光光度法和新型的荧光分析法。

**1. 分光光度法**

分光光度法也称比色法，其基本原理是酶与底物混合经培养后产生某种带颜色的生成物，其可在某一吸收波长下产生特征性波峰，再用分光光度计测定设定的标准物及生成物的吸光值，由此确定酶活性的值。这种方法已得到普遍认可，长期以来被国内外学者采纳。但缺点是精准度不高、操作不够简易而且耗时较长。本小节用该法测定了几种常见的碳循环相关酶的活性。

（1）与碳循环有关的水解酶

目前我国学者多采用 3,5-二硝基水杨酸比色法来测定纤维素酶、淀粉酶和蔗糖酶的活性（熊浩仲等，2004；周玮和周运超，2010；沈芳芳等，2012）。基本原理是：土壤酶与还原糖发生水解反应，水解的生成物可以与 3,5-二硝基水杨酸生成有色化合物，然后比色测定酶活性；酶活性单位以 1g 土壤 1h 反应生成的葡萄糖的毫克数来表示。分光光度法重现性较好且操作耗时较长，使用频率很高。

纤维素酶（β-葡糖苷酶）活性测定，其基本操作过程为：称取 3g 土壤样品置于 25ml 三角瓶中，加 0.1ml 甲苯和 0.9ml 蒸馏水，10min 后加磷酸缓冲液（pH 6.0）和 0.6ml 0.05mol/L 硝基苯-β-D-葡糖苷溶液。混合均匀后，30℃ 恒温培养，然后加 8ml 乙醇摇匀并过滤，取 4ml 滤液移至 50ml 容量瓶中，加入 20ml 0.2mol/L 三羟甲基氨基甲烷溶液，定容后于波长 400nm 处比色。实验设以水代替基质的无基质对照和无土壤对照。β-葡糖苷酶的酶活性为 1h 后 1g 土壤（干重）生成的对硝基酚的摩尔数，以 μmol 对硝基酚/(g·h) 表示。

淀粉酶活性测定，其基本操作过程为：称取 0.5～2g 土壤样品置于 50ml 三角瓶中，注入 10ml 1%淀粉溶液，再加入 10ml 磷酸缓冲液（pH 5.6）和 5 滴甲苯。摇匀混合物后，置于37℃恒温箱中24h,培养结束后,将悬液迅速过滤,取1ml滤液移至50ml容量瓶中,加入2ml 3,5-二硝基水杨酸,并在沸腾的水浴中加热5min。然后将瓶移至自来水流下冷却3min。溶液因生成3-氨基-5-硝基水杨酸而呈橙黄色,最后用去离子水稀释至50ml,利用分光光度计于波长508nm处比色。整个实验设无基质对照和无土壤对照。淀粉酶的酶活性为24h后1g土壤(干重)生成的麦芽糖的毫克数,以mg麦芽糖/(g·24h)表示。

蔗糖酶活性测定,其基本操作过程为:称取0.5~2g土壤样品置于50ml三角瓶中,注入15ml 8%蔗糖溶液,加入5ml磷酸缓冲液(pH 5.5)和5滴甲苯。摇匀混合物后,置于37℃恒温箱中24h,培养结束后,将悬液迅速过滤,取1ml滤液移至50ml容量瓶中,加入2ml 3,5-二硝基水杨酸,并在沸水浴中加热5min。然后将瓶移至自来水流下冷却3min。溶液因生成3-氨基-5-硝基水杨酸而呈橙黄色,最后用去离子水稀释至50ml,利用分光光度计于波长508nm处比色。整个实验设无基质对照和无土壤对照。蔗糖酶的酶活性为24h后1g土壤(干重)生成的葡萄糖的毫克数,以mg葡萄糖/(g·24h)表示。

(2)与碳循环有关的氧化酶

多酚氧化酶活性测定,其基本操作过程为:称取1g土壤样品,置于50ml三角瓶中,注入10ml 1%邻苯三酚溶液,摇荡后,在30℃恒温培养4h。取出后加4ml柠檬酸-磷酸缓冲液(pH 4.5),再加35ml乙酸,振荡萃取30min。最后,将含紫色没食子素的着色乙醚在430nm处比色。为防止因乙醚引起的误差,每比色一次需用无水乙醇清洗比色槽一次。实验设以水代替基质的无基质对照和无土壤对照。多酚氧化酶的酶活性为4h后1g土壤(干重)生成的紫色没食子素的毫克数,以mg没食子素/(g·4h)表示。

过氧化物酶(PER)活性测定,其基本操作过程为:取1g鲜土,用125ml的50mmol/L乙酸钠缓冲液(pH 5.0)充分混匀,制备土壤悬浮液。吸取600μl土样悬浮液和150μl底物于深孔板内(底物见表3.2)。再加入10μl 0.3%的$H_2O_2$,20℃黑暗条件下培养5h,3000r/min离心3min,吸取250μl上清液于空白板内,使用多功能酶标仪(Synergy H4,BioTek)在460nm波长处测定吸光值。

表3.2 水解酶及其底物

| 酶 | EC | 缩写 | 底物 |
| --- | --- | --- | --- |
| α-1,4-葡糖苷酶 | 3.2.1.20 | aG | 4-MUB-α-D-葡糖苷 |
| β-1,4-葡糖苷酶 | 3.2.1.21 | BG | 4-MUB-β-D-葡糖苷 |
| 外切葡聚糖酶 | 3.2.1.91 | CBH | 4-MUB-β-D-纤维二糖苷 |
| β-1,4-木糖苷酶 | 3.2.1.37 | BX | 4-MUB-β-D-木糖苷 |

## 2. 荧光分析法

20世纪90年代,国际上发展起了酶活性测量的新方法——荧光分析法,其主要原理是以荧光团标记底物作为探针,通过荧光强度的变化来反映酶活性(Freeman et al.,1995)。荧光分析法测定步骤与比色法基本一致,但与传统方法相比较,荧光分析技术是一种更为强大的分析手段,具有灵敏度高(比分光光度法高2~3个数量级)、耗时短、试样量少等优点,同时它也存在分析成本较高、底物难溶解等缺点(张丽莉等,2009;

张玉兰等，2014）。

土壤中水解酶的测定参照 SaiyaCork 等（2002）的方法，采用微孔板荧光法测定 α-1,4-葡糖苷酶、β-1,4-葡糖苷酶、外切葡聚糖酶和 β-1,4-木糖苷酶的活性，具体酶反应底物见表 3.2。

其基本操作过程为：取 1g 鲜土，用 125ml 的 50mmol/L 乙酸钠缓冲液（pH 5.0）充分混匀，制备土壤悬浮液，吸取 200μl 土壤悬浮液和 50μl 底物于 96 微孔板内，20℃黑暗条件下培养 4h，加入 10μl 1mol/L NaOH 终止反应。标准物质为 4-甲基伞形酮，在 365nm 波长处激发，450nm 波长处测定，使用多功能酶标仪（Synergy H4，BioTek）测定其荧光值，每个样品重复 8 次。

### 3.3.4 实证研究：分光光度法和荧光分析法

#### 3.3.4.1 分光光度法

沈芳芳等（2012）为探讨氮沉降对亚热带森林土壤有机碳矿化及土壤酶活性的影响规律，在杉木人工林中开展了野外模拟 N 沉降实验。利用分光光度法测定了参与土壤碳循环的 6 种主要酶（蔗糖酶、纤维素酶、淀粉酶、β-葡糖苷酶、多酚氧化酶、过氧化物酶）的活性，结果表明：活性氮沉降对 6 种土壤酶活性的影响存在差异，对纤维素酶和多酚氧化酶活性具有增强作用，而对淀粉酶和过氧化物酶活性表现出一定的抑制作用；中-低氮沉降对蔗糖酶活性无影响，而对 β-葡糖苷酶活性具有增强作用，高氮沉降增强了蔗糖酶活性，但抑制了 β-葡糖苷酶活性（图 3.17）。

#### 3.3.4.2 荧光分析法

张闰等（2016）通过 3 个水平的野外氮添加控制实验，研究氮添加对亚热带湿地松林土壤水解酶和氧化酶活性的影响。用荧光分析法测定水解酶，用分光光度法测定氧化酶。结果表明：氮添加显著抑制了土壤有机质中碳、氮、磷水解酶和氧化酶的活性，导致 β-1,4-葡糖苷酶、纤维素二糖水解酶、β-1,4-乙酰基-葡糖胺糖苷酶、过氧化物酶活性下降 16.5%～51.1%，并且高水平氮添加对酶活性的抑制效果更明显；氮添加导致 α-1,4-葡糖苷酶、β-1,4-木糖苷酶、酸性磷酸酶、多酚氧化酶活性降低 14.5%～38.6%，不同水平氮添加处理间差异不显著（图 3.18）。

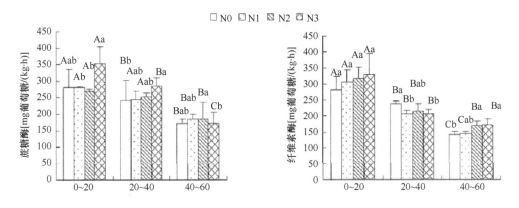

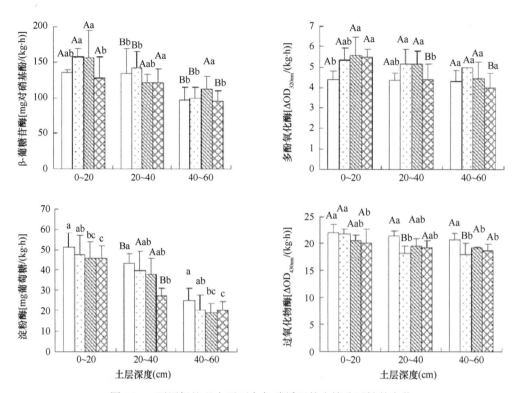

图 3.17　不同氮处理水平下参与碳循环的土壤酶活性的变化

大写字母表示不同土层相同处理间的差异显著（$P<0.05$），小写字母表示相同土层不同处理间的差异显著（$P<0.05$）N0 为对照不施氮处理；N1 为施氮量为 60kg N/(hm²/a)；N2 为施氮量为 120kg N/(hm²/a)；N3 为施氮量为 240kg N/(hm²/a)

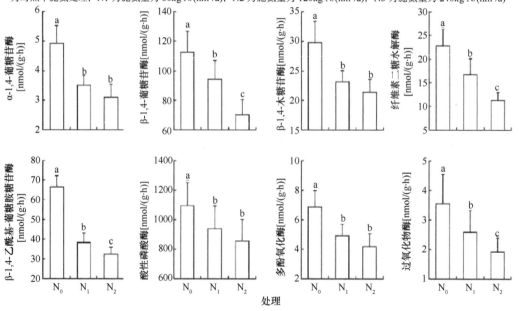

图 3.18　氮添加对土壤酶活性的影响

N₀ 为对照不施氮处理；N₁ 为施氮量为 40kg N/（hm²/a）；N₂ 为施氮量为 120kg N/（hm²/a）

# 参 考 文 献

陈红军, 孟虎, 陈钧鸿. 2008. 两种生物农药对土壤蔗糖酶活性的影响. 生态环境学报, 17(2): 584-588.

陈雅涵, 谢宗强, 薛丽萍. 2016. 碳氮元素分析仪测试土壤与植物样品的流程优化. 现代化工, 36: 185-187.

耿玉清, 王冬梅. 2012. 土壤水解酶活性测定方法的研究进展. 中国生态农业学报, 20(4): 387-394.

鲁如坤. 1999. 土壤农业化学分析方法. 北京: 中国农业科技出版社.

沈芳芳, 袁颖红, 樊后保, 刘文飞, 刘苑秋. 2012. 氮沉降对杉木人工林土壤有机碳矿化和土壤酶活性的影响. 生态学报, 32(2): 517-527.

熊浩仲, 王开运, 杨万勤. 2004. 川西亚高山冷杉林和白桦林土壤酶活性季节动态. 应用与环境生物学报, 10(4): 416-420.

张闯, 邹洪涛, 张心昱, 寇亮, 杨洋, 孙晓敏, 李胜功, 王辉民. 2016. 氮添加对湿地松林土壤水解酶和氧化酶活性的影响. 应用生态学报, 27(11): 3427-3434.

张丽莉, 武志杰, 陈利军, 李东坡, 马星竹, 史云峰. 2009. 微孔板荧光法对土壤糖酶活性的测定研究. 光谱学与光谱分析, 29(5): 1341-1344.

张玉兰, 陈利军, 段争虎, 武志杰, 孙彩霞, 王俊宇. 2014. 荧光光谱法测定生物炭/秸秆输入土壤后酶活性的变化. 光谱学与光谱分析, 34(2): 455-459.

张玉兰, 陈利军, 张丽莉. 2005. 土壤质量的酶学指标研究. 土壤通报, 36(4): 598-604.

张志丹, 赵兰坡. 2006. 土壤酶在土壤有机培肥研究中的意义. 土壤通报, 37(2): 362-368.

周玮, 周运超. 2010. 北盘江喀斯特峡谷区不同植被类型的土壤酶活性. 林业科学, 46(1): 136-141.

Álvaro-Fuentes J, Cantero-Martínez C, López M V, Paustian K, Denef K, Stewart C E, Arrúe J L. 2009. Soil aggregation and soil organic carbon stabilization: effects of management in semiarid Mediterranean agroecosystems. Soil Science Society of America Journal, 73: 1519-1529.

Amelung W. 2001. Methods using amino sugars as markers for microbial residues in soil. *In*: Kimble J M, Follett R F, Stewart B A. Assessment Methods for Soil Carbon. Boca Raton: Lewis Publishers: 233-272.

Amelung W, Brodowski S, Sandhage-Hofmann A, Bol R. 2008. Combining biomarker with stable isotope analyses for assessing the transformation and turnover of soil organic matter. Advances in Agronomy, 100: 155-250.

Angst G, Mueller K E, Kögel-Knabner I, Freeman K H, Mueller C W. 2017. Aggregation controls the stability of lignin and lipids in clay-sized particulate and mineral associated organic matter. Biogeochemistry, 132: 307-324.

Appuhn A, Joergensen R G, Raubuch M, Scheller E, Wilke B. 2004. The automated determination of glucosamine, galactosamine, muramic acid, and mannosamine in soil and root hydrolysates by HPLC. Journal of Plant Nutrition and Soil Science, 167: 17-21.

Bach E M, Williams R J, Hargreaves S K, Yang F, Hofmockel K S. 2018. Greatest soil microbial diversity found in micro-habitats. Soil Biology and Biochemistry, 118: 217-226.

Baldock J A, Skjemstad J O. 2000. Role of the soil matrix and minerals in protecting natural organic materials against biological attack. Organic Geochemistry, 31: 697-710.

Banfield C C, Dippold M A, Pausch J, Hoang D T T, Kuzyakov Y. 2017. Biopore history determines the microbial community composition in subsoil hotspots. Biology and Fertility of Soils, 53: 573-588.

Bernards M A. 2002. Demystifying suberin. Canadian Journal of Botany, 80: 227-240.

Bianchi T S, Canuel E A. 2011. Chemical Biomarkers in Aquatic Ecosystems. Princeton: Princeton University Press.

Bull I D, van Bergen P F, Nott C J, Poulton P R, Evershed R P. 2000. Organic geochemical studies of soils from the rothamsted classical experiments-V. The fate of lipids in different long-term experiments. Organic Geochemistry, 31: 389-408.

Bunzel M, Schußler A, Tchetseubu S G. 2011. Chemical characterization of klason lignin preparations from plant-based foods. Journal of Agricultural and Food Chemistry, 59: 12506-12513.

Cambardella C A, Elliott E T. 1992. Particulate soil organic-matter changes across a grassland cultivation sequence. Soil Science Society of America Journal, 56: 777-783.

Cambardella C A, Elliott E T. 1994. Carbon and nitrogen dynamics of soil organic-matter fractions from cultivated grassland soils. Soil Science Society of America Journal, 58: 123-130.

Cheshire M V. 1979. Nature and Origin of Carbohydrates in Soils. London: Academic Press.

Christensen B T. 1992. Physical fractionation of soil and organic matter in primary particle size and density separates. In: Stewart B A. Advances in Soil Science: Volume 20. New York: Springer New York: 1-90.

Crow S E, Lajtha K, Filley T R, Swanston C W, Bowden R D, Caldwell B A. 2009. Sources of plant-derived carbon and stability of organic matter in soil: implications for global change. Global Change Biology, 15: 2003-2019.

Crow S E, Swanston C W, Lajtha K, Brooks J R, Keirstead H. 2007. Density fractionation of forest soils: methodological questions and interpretation of incubation results and turnover time in an ecosystem context. Biogeochemistry, 85: 69-90.

Dai G, Ma T, Zhu S, Liu Z, Chen D, Bai Y, Chen L, He J, Zhu J, Zhang Y, Lü X, Wang X, Han X, Feng X. 2018. Large-scale distribution of molecular components in Chinese grassland soils: the influence of input and decomposition processes. Journal of Geophysical Research: Biogeosciences, 123: 239-255.

Dai G, Zhu S, Liu Z, Chen L, He J, Feng X. 2016. Distribution of fatty acids in the alpine grassland soils of the Qinghai-Tibetan plateau. Science China Earth Sciences, 59: 1329-1338.

Davidson E A, Trumbore S E, Amundson R. 2000. Biogeochemistry-soil warming and organic carbon content. Nature, 408: 789-790.

Dick R P, Deng S. 1991. Multivariate factor analysis of sulfur oxidation and rhodanese activity in soils. Biogeochemistry, 12: 87-101.

Eglinton G, Calvin M. 1967. Chemical fossils. Scientific American, 216: 32-43.

Eglinton T I, BenitezNelson B C, Pearson A, McNichol A P, Bauer J E, Druffel E R M. 1997. Variability in radiocarbon ages of individual organic compounds from marine sediments. Science, 277: 796-799.

Elliott E T. 1986. Aggregate structure and carbon, nitrogen, and phosphorus in native and cultivated soils. Soil Science Society of America Journal, 50: 627-633.

Elliott E T, Coleman D C. 1988. Let the soil work for us. Ecological Bulletins, 39: 23-32.

Engelking B, Flessa H, Joergensen R G. 2007. Shifts in amino sugar and ergosterol contents after addition of sucrose and cellulose to soil. Soil Biology and Biochemistry, 39: 2111-2118.

Ertel J R, Hedges J I. 1984. The lignin component of humic substances: distribution among soil and sedimentary humic, hulvic, and base-insoluble fractions. Geochimica et Cosmochimica Acta, 48: 2065-2074.

Feng X, Feakins S J, Liu Z, Ponton C, Wang R Z, Karkabi E, Galy V, Berelson W M, Nottingham A T, Meir P, West A J. 2016. Source to sink: evolution of lignin composition in the Madre de Dios River system with connection to the Amazon basin and offshore. Journal of Geophysical Research: Biogeosciences, 121: 1316-1338.

Feng X, Simpson M J. 2007. The distribution and degradation of biomarkers in alberta grassland soil profiles. Organic Geochemistry, 38: 1558-1570.

Feng X J, Simpson A J, Wilson K P, Williams D D, Simpson M J. 2008. Increased cuticular carbon sequestration and lignin oxidation in response to soil warming. Nature Geoscience, 1: 836-839.

Filley T R, Nierop K G J, Wang Y. 2006. The contribution of polyhydroxyl aromatic compounds to tetramethylammonium hydroxide lignin-based proxies. Organic Geochemistry, 37: 711-727.

Freeman C, Liska G, Ostle N J, Jones S E, Lock M A. 1995. The use of fluorogenic substrates for measuring enzyme activity in peatlands. Plant and Soil, 175: 147-152.

Friedlingstein P, Cox P, Betts R, Bopp L, Von Bloh W, Brovkin V, Cadule P, Doney S, Eby M, Fung I, Bala G, John J, Jones C, Joos F, Kato T, Kawamiya M, Knorr W, Lindsay K, Matthews H D, Raddatz T, Rayner P, Reick C, Roeckner E, Schnitzler K G, Schnur R, Strassmann K, Weaver A J, Yoshikawa C, Zeng N. 2006. Climate-carbon cycle feedback analysis: results from the (CMIP)-M-4 model intercomparison. Journal of Climate, 19: 3337-3353.

Galy V, Eglinton T, France-Lanord C, Sylya S. 2011. The provenance of vegetation and environmental signatures encoded in vascular plant biomarkers carried by the ganges-brahmaputra rivers. Earth and Planetary Science Letters, 304: 1-12.

Giardina C P, Ryan M G. 2000. Evidence that decomposition rates of organic carbon in mineral soil do not vary with temperature. Nature, 404: 858-861.

Glaser B, Turrión M B, Alef K. 2004. Amino sugars and muramic acid-biomarkers for soil microbial community structure analysis. Soil Biology and Biochemistry, 36: 399-407.

Gleixner G, Czimczik C J, Kramer C, Lühker B, Schmidt M W. 2001. Plant compounds and their turnover and stabilization as soil organic matter. *In*: Schulze E D, Heimann M, Harrison S, Holland E, Lloyd J L, Prentice C Schimel D. Global Biogeochemical Cycles in the Climate System. San Diego: Academic Press: 201-215.

Graca J. 2015. Suberin: the biopolyester at the frontier of plants. Frontiers in Chemistry, 3: 62-72.

Gregorich E G, Beare M H, McKim U F, Skjemstad J O. 2006. Chemical and biological characteristics of physically uncomplexed organic matter. Soil Science Society of America Journal, 70: 975-985.

Griepentrog M, Bode S, Boeckx P, Hagedorn F, Heim A, Schmidt M W. 2014. Nitrogen deposition promotes the production of new fungal residues but retards the decomposition of old residues in forest soil fractions. Global Change Biology, 20: 327-340.

Gunina A, Dippold M, Glaser B, Kuzyakov Y. 2017. Turnover of microbial groups and cell components in soil: $^{13}$C analysis of cellular biomarkers. Biogeosciences, 14: 271-283.

Hatcher P G, Nanny M A, Minard R D, Dible S D, Carson D M. 1995. Comparison of two thermochemolytic methods for the analysis of lignin in decomposing gymnosperm wood: the CuO oxidation method and the method of thermochemolysis with tetramethylammonium hydroxide (Tmah). Organic Geochemistry, 23: 881-888.

Hatfield R, Fukushima R S. 2005. Can lignin be accurately measured? Crop Science, 45: 832-839.

Hedges J I, Blanchette R A, Weliky K, Devol A H. 1988. Effects of fungal degradation on the CuO oxidation products of lignin: a controlled laboratory study. Geochimica et Cosmochimica Acta, 52: 2717-2726.

Hedges J I, Ertel J R. 1982. Characterization of lignin by gas capillary chromatography of cupric oxide oxidation products. Analytical Chemistry, 54: 174-178.

Hedges J I, Mann D C. 1979. Characterization of plant-tissues by their lignin oxidation-products. Geochimica et Cosmochimica Acta, 43: 1803-1807.

Hedges J I, Parker P L. 1976. Land-derived organic-matter in surface sediments from gulf of Mexico. Geochimica et Cosmochimica Acta, 40: 1019-1029.

Hernes P J, Robinson A C, Aufdenkampe A K. 2007. Fractionation of lignin during leaching and sorption and implications for organic matter "freshness". Geophysical Research Letters, 34: L17401.

Jex C N, Pate G H, Blyth A J, Spencer R G M, Hernes P J, Khan S J, Baker A. 2014. Lignin biogeochemistry: from modern processes to quaternary archives. Quaternary Science Reviews, 87: 46-59.

Joergensen R G. 2018. Amino sugars as specific indices for fungal and bacterial residues in soil. Biology and Fertility of Soils, 54: 559-568.

Joergensen R G, Meyer B. 1990. Chemical change in organic matter decomposing in and on a forest rendzina under beech (*Fagus sylvatica* L.). Journal of Soil Science, 41: 17-21.

Kirk T K, Farrell R L. 1987. Enzymatic combustion: the microbial-degradation of lignin. Annual Review of Microbiology, 41: 465-505.

Kirk T K, Obst J R. 1988. Lignin determination. Methods in Enzymology, 161: 87-101.

Klose S, Tabatabai M A. 2015. Response of glycosidases in soils to chloroform fumigation. Biology and Fertility of Soils, 165: 429-434.

Kögel-Knabner I. 2002. The macromolecular organic composition of plant and microbial residues as inputs to soil organic matter. Soil Biology and Biochemistry, 34: 139-162.

Kolattukudy P E. 1980. Biopolyester membranes of plants: cutin and suberin. Science, 208: 990-1000.

Lauer F, Koesters R, du Preez C C, Amelung W. 2011. Microbial residues as indicators of soil restoration in south African secondary pastures. Soil Biology and Biochemistry, 43: 787-794.

Liang C, Balser T C. 2012. Warming and nitrogen deposition lessen microbial residue contribution to soil carbon pool. Nature Communications, 3: 1222.

Liang C, Cheng G, Wixon D L, Balser T C. 2010. An absorbing markov chain approach to understanding the microbial role in soil carbon stabilization. Biogeochemistry, 106: 303-309.

Liang C, Schimel J P, Jastrow J D. 2017. The importance of anabolism in microbial control over soil carbon storage. Nature Microbiology, 2: 17105.

Liang C, Zhang X, Balser T C. 2007. Net microbial amino sugar accumulation process in soil as influenced by different plant material inputs. Biology and Fertility of Soils, 44: 1-7.

Luxhøi J, Magid J, Tscherko D, Kandeler E. 2002. Dynamics of invertase, xylanase and coupled quality indices of decomposing green and brown plant residues. Soil Biology and Biochemistry, 34: 501-508.

Ma T, Dai G, Zhu S, Chen D, Chen L, Lü X, Wang X, Zhu J, Zhang Y, Ma W, He J S, Bai Y, Han X, Feng X. 2019. Distribution and preservation of root- and shoot-derived carbon components in soils across the Chinese-Mongolian grasslands. Journal of Geophysical Research: Biogeosciences, 124: 420-431.

Ma T, Zhu S, Wang Z, Chen D, Dai G, Feng B, Su X, Hu H, Li K, Han W, Liang C, Bai Y, Feng X. 2018. Divergent accumulation of microbial necromass and plant lignin components in grassland soils. Nature Communications, 9: 3480.

Marzaioli F, Lubritto C, Galdo I D, D'Onofrio A, Cotrufo M F, Terrasi F. 2010. Comparison of different soil organic matter fractionation methodologies: evidences from ultrasensitive $^{14}C$ measurements. Nuclear Instruments and Methods in Physics Research Section B: Beam Interactions with Materials and Atoms, 268: 1062-1066.

Mendez-Millan M, Dignac M F, Rumpel C, Derenne S. 2010. Can cutin and suberin biomarkers be used to trace shoot and root-derived organic matter? A molecular and isotopic approach. Biogeochemistry, 106: 23-38.

Mikutta R, Mikutta C, Kalbitz K, Scheel T, Kaiser K, Jahn R. 2007. Biodegradation of forest floor organic matter bound to minerals via different binding mechanisms. Geochimica et Cosmochimica Acta, 71: 2569-2590.

Moni C, Rumpel C, Virto I, Chabbi A, Chenu C. 2010. Relative importance of sorption versus aggregation for organic matter storage in subsoil horizons of two contrasting soils. European Journal of Soil Science, 61: 958-969.

Monreal C M, Schulten H R, Kodama H. 1997. Age, turnover and molecular diversity of soil organic matter in aggregates of a gleysol. Canadian Journal of Soil Science, 77: 379-388.

Mueller K E, Polissar P J, Oleksyn J, Freeman K H. 2012. Differentiating temperate tree species and their organs using lipid biomarkers in leaves, roots and soil. Organic Geochemistry, 52: 130-141.

Oades J M, Waters A G. 1991. Aggregate hierarchy in soils. Australian Journal of Soil Research, 29: 815-828.

Opsahl S, Benner R. 1995. Early diagenesis of vascular plant tissues: lignin and cutin decomposition and biogeochemical implications. Geochimica et Cosmochimica Acta, 59: 4889-4904.

Otto A, Simpson M J. 2005. Degradation and preservation of vascular plant-derived biomarkers in grassland and forest soils from western Canada. Biogeochemistry, 74: 377-409.

Otto A, Simpson M J. 2006a. Sources and composition of hydrolysable aliphatic lipids and phenols in soils from western canada. Organic Geochemistry, 37: 385-407.

Otto A, Simpson M J. 2006b. Evaluation of CuO oxidation parameters for determining the source and stage of lignin degradation in soil. Biogeochemistry, 80: 121-142.

Park S C, Smith T J, Bisesi M S. 1992. Activities of phosphomonoesterase and phosphodiesterase from *Lumbricus terrestris*. Soil Biology and Biochemistry, 24: 873-876.

Parsons J. 1981. Chemistry and distribution of amino sugars in soils and soil organisms. *In*: Paul E, Ladd J N. Soil Biochemistry. New York: Marcel Dekker: 197-227.

Plaza C, Courtier-Murias D, Fernández J M, Polo A, Simpson A J. 2013. Physical, chemical, and biochemical mechanisms of soil organic matter stabilization under conservation tillage systems: a central role for microbes and microbial by-products in C sequestration. Soil Biology and Biochemistry, 57: 124-134.

Plaza-Bonilla D, Cantero-Martínez C, Viñas P, Álvaro-Fuentes J. 2013. Soil aggregation and organic carbon protection in a no-tillage chronosequence under Mediterranean conditions. Geoderma, 193: 76-82.

Poeplau C, Vos C, Don A. 2017. Soil organic carbon stocks are systematically overestimated by misuse of the parameters bulk density and rock fragment content. Soil, 3: 61-66.

Pollard M, Beisson F, Li Y, Ohlrogge J B. 2008. Building lipid barriers: biosynthesis of cutin and suberin. Trends in Plant Science, 13: 236-246.

Pollierer M M, Dyckmans J, Scheu S, Haubert D. 2012. Carbon flux through fungi and bacteria into the forest soil animal food web as indicated by compound-specific $^{13}$C fatty acid analysis. Functional Ecology, 26: 978-990.

Procter A C, Gill R A, Fay P A, Polley H W, Jackson R B. 2015. Soil carbon responses to past and future $CO_2$ in three Texas prairie soils. Soil Biology and Biochemistry, 83: 66-75.

Saiyacork K R, Sinsabaugh R L, Zak D R. 2002. The effects of long term nitrogen deposition on extracellular enzyme activity in an *Acer saccharum* forest soil. Soil Biology and Biochemistry, 34: 1309-1315.

Sarkanen K V, Ludwig C H. 1971. Lignins: Occurrence, Formation, Structure, and Reactions. New York: Wiley Interscience.

Schmidt M W, Torn M S, Abiven S, Dittmar T, Guggenberger G, Janssens I A, Kleber M, Kogel-Knabner I, Lehmann J, Manning D A C, Nannipieri P, Rasse D P, Weiner S, Trumbore S E. 2011. Persistence of soil organic matter as an ecosystem property. Nature, 478: 49-56.

Schrumpf M, Kaiser K, Guggenberger G, Persson T, Kögel-Knabner I, Schulze E D. 2013. Storage and stability of organic carbon in soils as related to depth, occlusion within aggregates, and attachment to minerals. Biogeosciences, 10: 1675-1691.

Six J, Callewaert P, Lenders S, De Gryze S, Morris S J, Gregorich E G, Paul E A, Paustian K. 2002. Measuring and understanding carbon storage in afforested soils by physical fractionation. Soil Science Society of America Journal, 66: 1981-1987.

Six J, Elliott E T, Paustian K. 2000. Soil macroaggregate turnover and microaggregate formation: a mechanism for C sequestration under no-tillage agriculture. Soil Biology and Biochemistry, 32: 2099-2103.

Six J, Elliott E T, Paustian K, Doran J W. 1998. Aggregation and soil organic matter accumulation in cultivated and native grassland soils. Soil Science Society of America Journal, 62: 1367-1377.

Six J, Schultz P A, Jastrow J D, Merckx R. 1999. Recycling of sodium polytungstate used in soil organic matter studies. Soil Biology and Biochemistry, 31: 1193-1196.

Smith W H. 1981. Forest Nutrient Cycling: Influence of Trace Metal Pollutants. New York: Springer.

Sollins P, Homann P, Caldwell B A. 1996. Stabilization and destabilization of soil organic matter: mechanisms and controls. Geoderma, 74: 65-105.

Sollins P, Swanston C, Kleber M, Filley T, Kramer M, Crow S, Caldwell B A, Lajtha K, Bowden R. 2006. Organic C and N stabilization in a forest soil: evidence from sequential density fractionation. Soil Biology and Biochemistry, 38: 3313-3324.

Sposito G, Skipper N T, Sutton R, Park S H, Soper A K, Greathouse J A. 1999. Surface geochemistry of the clay minerals. Proceedings of the National Academy of Sciences of the United States of America, 96: 3358-3364.

Stevenson F. 1982. Organic forms of soil nitrogen. *In*: Stevenson F. Nitrogen in Agricultural Soils. Madison: American Society of Agronomy: 101-104.

Stewart C E, Plante A F, Paustian K, Conant R T, Six J. 2008. Soil carbon saturation: linking concept and measurable carbon pools. Soil Science Society of America Journal, 72: 379-392.

Stone M M, DeForest J L, Plante A F. 2014. Changes in extracellular enzyme activity and microbial community structure with soil depth at the Luquillo Critical Zone Observatory. Soil Biology and Biochemistry, 75: 237-247.

Syers J K, Sharpley A N, Keeney D R. 1979. Cycling of nitrogen by surface-casting earthworms in a pasture ecosystem. Soil Biology and Biochemistry, 11: 181-185.

Tan W, Zhou L, Liu K. 2013. Soil aggregate fraction-based $^{14}$C analysis and its application in the study of soil organic carbon turnover under forests of different ages. Chinese Science Bulletin, 58: 1936-1947.

Thevenot M, Dignac M F, Rumpel C. 2010. Fate of lignins in soils: a review. Soil Biology and Biochemistry, 42: 1200-1211.

Tisdall J M, Oades J. 1982. Organic matter and water-stable aggregates in soils. Journal of Soil Science, 33: 141-163.

Torn M S, Kleber M, Zavaleta E S, Zhu B, Field C B, Trumbore S E. 2013. A dual isotope approach to isolate soil carbon pools of different turnover times. Biogeosciences, 10: 8067-8081.

Treibs A. 1936. Chlorophyll and hemin derivatives mineral substances. Angewandte Chemie, 49: 682-686.

Trumbore S E, Czimczik C I. 2008. Geology—an uncertain future for soil carbon. Science, 321: 1455-1456.

von Lützow M, Kögel-Knabner I, Ekschmitt K, Flessa H, Guggenberger G, Matzner E, Marschner B. 2007. SOM fractionation methods: relevance to functional pools and to stabilization mechanisms. Soil Biology and Biochemistry, 39: 2183-2207.

von Lützow M, Kögel-Knabner I, Ekschmitt K, Matzner E, Guggenberger G, Marschner B, Flessa H. 2006. Stabilization of organic matter in temperate soils: mechanisms and their relevance under different soil conditions—a review. European Journal of Soil Science, 57: 426-445.

Wagai R, Mayer L M. 2007. Sorptive stabilization of organic matter in soils by hydrous iron oxides. Geochimica et Cosmochimica Acta, 71: 25-35.

Wiesenberg G L B, Dorodnikov M, Kuzyakov Y. 2010. Source determination of lipids in bulk soil and soil density fractions after four years of wheat cropping. Geoderma, 156: 267-277.

Wilson G W, Rice C W, Rillig M C, Springer A, Hartnett D C. 2009. Soil aggregation and carbon sequestration are tightly correlated with the abundance of arbuscular mycorrhizal fungi: results from long-term field experiments. Ecology Letters, 12: 452-461.

Wilson J O, Valiela I, Swain T. 1985. Sources and concentrations of vascular plant-material in sediments of Buzzards Bay, Massachusetts, USA. Marine Biology, 90: 129-137.

Xu J, Yuan K. 1993. Dissolution and fractionation of calcium-bound and iron-and aluminum-bound humus in soils. Pedosphere, 3: 75-80.

Zhang X D, Amelung W. 1996. Gas chromatographic determination of muramic acid, glucosamine, mannosamine, and galactosamine in soils. Soil Biology and Biochemistry, 28: 1201-1206.

Zhi J, Jing C, Lin S, Zhang C, Liu Q, DeGloria S D, Wu J. 2014. Estimating soil organic carbon stocks and spatial patterns with statistical and GIS-based methods. PLoS One, 9: e97757.

Zocatelli R, Jacob J, Gogo S, Le Milbeau C, Rousseau J, Laggoun-Défarge F. 2014. Spatial variability of soil lipids reflects vegetation cover in a french peatland. Organic Geochemistry, 76: 173-183.

# 第4章 微生物碳固持与转化研究系统及技术

## 4.1 土壤微生物生物量测定

土壤微生物作为土壤中重要的分解者，影响着陆地生态系统中碳（C）和养分的循环与转化。土壤微生物生物量是土壤微生物研究中应用最广泛的指标之一。土壤微生物生物量是指土壤中体积小于 $5×10^3μm^3$ 的生物总量，但活的植物体如植物根系等不包括在内（何振立，1994）。虽然土壤微生物生物量只占土壤总量的3%左右（陶水龙和林启美，1998），但它却是土壤有机质的重要组成部分，能够直接或间接地参与几乎所有的土壤生物化学过程。并且它作为土壤有效养料的储备库，对促进植物生长，缓解生态破坏，恢复受损生态系统，维持地球生物化学循环和农业可持续发展具有重要意义（陶水龙和林启美，1998；Tate，2000；Wardle，2010）。因此，准确测定土壤微生物生物量是理解碳循环关键过程的重要手段。

土壤微生物生物量的常规测定方法有直接观察法（显微计数法）、生理学法（氯仿熏蒸培养法、氯仿熏蒸浸提法、底物诱导呼吸法、比色法）和生物化学法（ATP 分析法、精氨酸诱导氨化法）。近些年，土壤微生物生物量测定方法的不断改进和完善，有利于快速、简单、准确、可靠地测定土壤微生物生物量，本小节对目前国内外广泛采用的土壤微生物生物量测定方法进行了详细的总结。

### 4.1.1 直接观察法——显微计数法

显微计数法是由 Martikainen 和 Palojärvi（1990）提出的，是一种最直接的土壤微生物生物量测定方法。

其基本操作过程为：土壤样品加水制成悬液后，在显微镜下计数，并测定各类微生物的个体大小。根据一定观察面积上的微生物个数、体积及相对密度（一般采用 $1.18g/cm^3$），计算出单位干土所含的微生物生物量；或根据微生物体的干物质含量（一般采用 25%）及干物质含碳量（一般采用 47%），进一步计算出单位干土所含的微生物生物量碳。目前，为使测定结果更加准确，可在悬浮液中加一些染色剂，如含 0.1%结晶紫的 0.1mol/L 柠檬酸染色液和台盼蓝染色液。

显微计数法具有直观、简单的优点，但是其弊端在于计数费时、费力，并且在测定土壤微生物生物量碳时操作复杂，所测结果变异较大，因此现在已较少使用。

### 4.1.2 生理学法

#### 4.1.2.1 氯仿熏蒸培养法

1976 年，Jenkinson 等融合了生态学和微生物学的方法，提出利用氯仿熏蒸培养法测定土壤微生物生物量碳（Bc）。该法是根据被杀死的土壤微生物细胞因矿化作用而释放 $CO_2$ 的量来估计土壤微生物生物量碳。

其基本操作过程如下：采集新鲜土壤样品，调节其含水量至 50%最大田间持水量，25℃培养 10 天左右，置于干燥器内用氯仿熏蒸 24h 后，用真空泵抽尽氯仿，接种少量新鲜土样，好气培养 10 天。以未用氯仿熏蒸土样作为对照组，通过测定培养时间内土壤 $CO_2$ 的释放量，计算出土壤微生物生物量碳。计算公式：Bc=Fc/Kc。式中，Fc 为熏蒸与不熏蒸土壤在培养期间 $CO_2$ 释放量的差值；Kc 为熏蒸杀死的微生物生物量中的碳在培养过程中被分解，并以 $CO_2$ 释放出来的比例，目前一般都采用 0.45（Wu et al., 1990）。

氯仿熏蒸培养法操作简单，误差小，适于常规分析。对于大多数的土壤，该法的测定结果与计数法测定结果比较一致，较为可信。但该法也存在一些弊端，培养时间较长，不适合土壤中微生物生物量碳的快速测定；且该方法不适用于强酸性土壤、风干和淹水土壤、含较多易分解新鲜有机质和新近施过有机肥等土壤中的微生物生物量碳的测定。

### 4.1.2.2　氯仿熏蒸浸提法

1985 年，Brookes 等在氯仿熏蒸培养法的基础上提出了氯仿熏蒸浸提法，该法能够更为直接地测定土壤微生物生物量 N、P。1987 年，Vance 等首次将该法用于测定土壤微生物生物量碳，并指出该法与氯仿熏蒸培养法的测定值之间具有良好的线性关系。

其基本测定步骤：调节新鲜土样含水量至 50%田间持水量，25℃下培养 10 天，氯仿熏蒸 24h 后，抽尽氯仿，根据所测对象选择不同的提取剂浸提，振荡浸提 30min 后，立即分析浸提液中所测对象的含量或放在−15℃下保存。其中土壤微生物生物量碳采用 0.5mol/L $K_2SO_4$ 溶液提取，常用转换系数 Kc 一般为 0.45。Wu 等（1990）已经开始使用总有机碳（TOC）分析仪来代替传统的氧化滴定法，使土壤微生物生物量的测定更加简便、快速、可靠。

氯仿熏蒸浸提法与氯仿熏蒸培养法相比，具有简单、快速，适用于大批量样品的测定等优点。也适用于酸性、中性、渍水土壤以及新近施过有机肥的土壤中微生物生物量的测定，并且可以与同位素结合研究土壤中的 C、N、P 和 S 元素循环及其转化。因此，该方法是如今研究土壤微生物生物量的主要测定方法（严登华等，2010）。但是，氯仿熏蒸浸提法也有不足之处（Joergensen and Brookes, 2005）。转化系数 Kc 取决于土壤微生物群落的组成及 pH，不同土壤 Kc 变异性较大。

### 4.1.2.3　底物诱导呼吸法

1978 年，Anderson 和 Domsch 提出了底物诱导呼吸法。当向土壤中加入可降解底物，如葡萄糖时，土壤微生物的呼吸速率会急剧增加，其提高量与土壤微生物生物量的大小成正比。以熏蒸培养法（fumigation incubation）方法为标准，他们得出：Bc=40.04×$C_{CO_2}$，此处的 $C_{CO_2}$ 为底物诱导微生物的呼吸量。

其基本测定步骤：调节新鲜土样含水量至 50%最大田间持水量，25℃下培养，添加一定量的葡萄糖，然后在单位时间内测定其释放的 $CO_2$ 量。

底物诱导呼吸法的一个最大优点就是在加入葡萄糖的同时，可以分别加入细菌或真菌抗生素，以选择性地抑制细菌或真菌的基质诱导呼吸，从而估计土壤中细菌和真菌的比例，虽然底物诱导呼吸法适用的土壤范围比较广，但是也存在一定的局限性，如该法只能用于测定土壤微生物生物量碳，且容易受土壤 pH 和含水量的影响。另外，底物诱导呼吸法校正系数的不确定性，也使利用该方法表征土壤微生物生物量碳受到很多争议（Alef and Nannipieri，1995；Sparling and West，1988）。该法只能用于测定土壤微生物生物量碳，并且耗时、费力、成本高，不适用于常规分析。

#### 4.1.2.4　比色法

比色法由 Ladd 和 Amato（1989）提出，Nunman 等（1998）对比色法进行了改进，通过测定 280nm 紫外光下熏蒸和未熏蒸土壤浸提液的紫外吸光度的差值来衡量微生物生物量 C、N、P。比色法的原理是朗伯-比尔（Lambert-Beer）定律，即当光程（溶液厚度）一定时，有色溶液对单色光的吸收值与溶液的浓度成正比。

其基本操作流程为：调节新鲜土样含水量至 50%最大田间持水量，25℃培养 10 天，氯仿熏蒸 24h 后，抽尽氯仿，用 0.5mol/L $K_2SO_4$ 浸提振荡 30min，其中液土比为 4∶1，过滤，并在 280nm 处测定滤液吸光度。

比色法操作简便，快速，产生误差的环节少，测定结果比氯仿熏蒸培养法具有更好的重现性。而它的弊端在于浸提后需要立即进行比色，否则会出现沉淀，影响比色。另外，转换系数需要大量的实验来确定。

### 4.1.3　生物化学法

#### 4.1.3.1　ATP 分析法

该方法由 Jenkinson 等（1979）提出，所测定的成分必须存在于土壤中所有活的微生物细胞内并不随其生长时期而改变，且该成分能被定量地提取出来并准确地确定其浓度，才能用于估算土壤微生物生物量。ATP 是所有生命体的能量贮存物质，存在于所有不同种类的细胞活体内，细胞死后不久就会消失。土壤中的 ATP 和生物碳浓度具有一定的线性相关性（$R^2$=0.94）（Contin et al.，2001）。

其测定过程如下：利用超声波将土壤中的微生物细胞破碎，使其释放出 ATP，然后选用适当的强酸试剂浸提（常采用的浸提剂是三氯乙酸-$Na_2HPO_4$-百草枯混合溶液），$Mg^{2+}$ 作催化剂，浸提液经过滤后，用荧光素-荧光素酶法测定其中的 ATP 量，最后将 ATP量换算成土壤微生物生物量，土壤微生物生物量中 ATP 含量一般为 6.2μmol/g 微生物干物质，相当于微生物生物量的 C/ATP 值约为 138（Oades and Jenkinson，1979）。

生物化学法能够直接测定土壤中某些物质的含量，粗略估算土壤微生物生物量，不但简单快速，且适合于大量样品分析，是一种比较有效的测试手段。该法的弊端在于生物体中 ATP 含量随其活性、生长时期及生活环境条件而变化，没有一个相对稳定的含量，且该法中 ATP 的提取效率不理想。而且质地差异较大的土壤，由于其中的微生物组分不同，ATP 含量差异也较大。

### 4.1.3.2 精氨酸诱导氨化法

Alef 和 Kleiner（1986）发现土壤中有 50 多种细菌能够利用精氨酸作为碳、氮的来源。在一定条件下，精氨酸氨化率与土壤中微生物生物量成正比。

其基本测定步骤：调节新鲜土样含水量至 50% 最大田间持水量，25℃ 下培养，向土壤中加入精氨酸水溶液，并培养 24h 后，土壤中 $NH_4^+$-N 会大量增加，通过测定浸提液中 $NH_4^+$-N 的含量，可以估计土壤微生物生物量。

精氨酸诱导氨化法操作简单、使用的仪器便宜，但是如果土壤中含有过量的 $NH_4^+$-N，精氨酸氨化可能会受到抑制，且此法不适用于含有大量易分解有机质的土壤。

综上所述，土壤微生物生物量测定方法多种多样，各有利弊。每种方法在测定土壤微生物生物量时，都有一个共同缺点，即转化系数 Kc 的不确定性。熏蒸系列法测得的 Kc 值具有较好的重现性。因此，目前主流采用熏蒸系列法测定土壤微生物生物量碳。

## 4.1.4 实证研究：比色法和氯仿熏蒸浸提法

### 4.1.4.1 比色法

Turner 等（2001）用此法对英国草地 29 种土壤（其中有机质含量范围广泛）的微生物生物量进行测定，结果与传统方法测定结果的相关性显著，相关系数分别为 SMBC 0.92、SMBN 0.90、SMBP 0.89（图 4.1）。故此法可作为同类土壤微生物生物量的一种简便、快捷、费用低的测定方法。

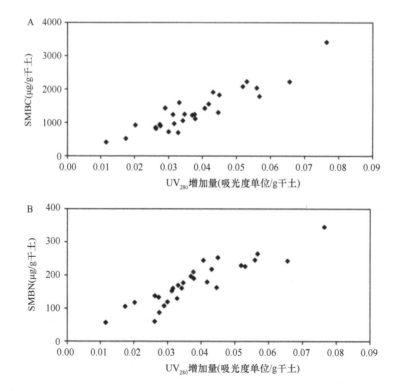

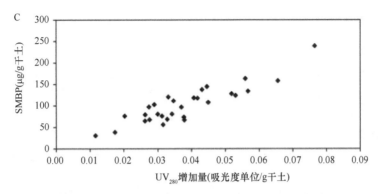

图 4.1 氯仿熏蒸后土壤的 0.5mol/L K$_2$SO$_4$ 萃取物在 280nm 处紫外吸收增加与土壤微生物生物量 C（SMBC）（A）、土壤微生物生物量 N（SMBN）（B）和土壤微生物生物量 P（SMBP）（C）之间的关系

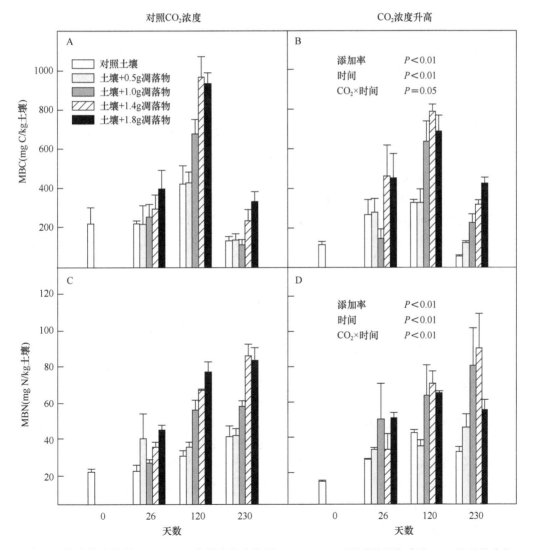

图 4.2 微生物生物量 C（MBC）和微生物生物量 N（MBN）对凋落物添加率和 CO$_2$ 处理的响应

### 4.1.4.2 氯仿熏蒸浸提法

Liu 等（2010）为了研究高浓度 $CO_2$ 对凋落物化学性质和生产力的影响如何影响土壤微生物活动和碳的形成，进行了一个 230 天的室内培养实验。用氯仿熏蒸浸提法表征微生物生物量 C（MBC）和微生物生物量 N（MBN）对凋落物添加率和 $CO_2$ 处理的响应（图 4.2）。该实验发现，在 $CO_2$ 浓度升高的情况下，凋落物 N 的小幅下降对微生物生物量 C、微生物生物量 N 和溶解无机氮的影响很小。在目前的凋落物生产率水平下，是增强的 C 输入而不是凋落物化学质量变化成为控制土壤碳水平和周转率的主导因素。

## 4.2 菌根真菌对土壤碳循环的影响

### 4.2.1 菌根的概念及分类

菌根（mycorrhiza）是由土壤中真菌与植物宿主根系形成的一种互利互惠的共生体（Smith and Read，2010），是植物与真菌长期共同进化的产物。全球范围内，菌根真菌可与 80%以上的陆地植物根系形成这种互惠共生体，可以促进宿主植物对水分和氮、磷等矿质营养元素的吸收（Kiers et al.，2011；Cheng et al.，2012；Brundrett and Tedersoo，2018），同时利于植物抵御病虫害（Smith and Read，2010），提高植物抗干旱、盐碱、重金属胁迫等能力（Miransari，2010；Khullar and Reddy，2018）。根据菌根真菌的菌丝是否侵入植物根系皮层细胞内，菌根主要分为外生菌根（ectomycorrhiza，EM）和丛枝菌根（arbuscular mycorrhiza，AM）。外生菌根真菌菌丝紧密地包围植物根表面形成菌套（mantle），并在其上长出菌丝，取代植物的根毛，菌丝不侵入植物根的细胞内部，在根的皮层组织细胞间隙形成相互联结的网络结构即哈氏网（Hartig net）。形成外生菌根的真菌类型主要包括：结核菌亚门、子囊菌亚门（Ascomycotina）和担子菌亚门（Basidiomycotina）。真菌常见分布于森林生态系统中（Smith and Read，2010）。而丛枝菌根菌丝可进入根皮层细胞内部，形成丛枝状菌丝。形成丛枝菌根的真菌类型为球囊菌门（Glomeromycota）。从全球范围来看，热带以丛枝菌根分布为主，亚热带以外生菌根和丛枝菌根混合分布为主，而温带针叶林主要是外生菌根（Read and Perez-Moreno，2003；Smith and Read，2010；Tedersoo et al.，2014）。

### 4.2.2 菌根真菌在土壤碳循环中的功能

土壤是陆地生态系统碳储量最大的场所，其表层碳（C）储量约 1500Pg，约为大气碳库的三倍，是影响全球碳循环最为关键的组成部分（Lal，2004；Lehmann，2007；Lehmann and Kleber，2015）。植物通过固定大气中的二氧化碳（$CO_2$）进行光合作用，而菌根真菌可以吸收利用植物光合作用固定的碳源，同时将碳源传输到土壤中（Staddon et al.，2003；Clemmensen et al.，2013）。而且菌根真菌可与土壤微生物相互作用，进而影响土壤碳循环过程（Orwin et al.，2011；Veresoglou et al.，2012；Cheng et al.，2012；Bardgett et al.，2014）。阐明不同菌根类型对土壤碳循环影响的差异及其机制,对于提高全球碳汇能力、预测生态系统对未来全球变化的响应等具有极其重要的意义(Cheng et al., 2012; Averill et al., 2014, Averill and Hawkes, 2016; Clemmensen et al., 2015)。

### 4.2.2.1 菌根真菌的碳汇功能

Gadgil 和 Gadgil (1971,1975) 首先提出加吉尔效应 (Gadgil effect),即在森林生态系统中,外生菌根真菌与土壤腐生菌直接竞争营养,从而抑制土壤有机质分解,利于土壤形成碳汇。Fernandez 和 Kennedy (2016) 总结之前的研究结果,提出了四种机制用以解释加吉尔效应。①氮素竞争 (nitrogen competition):森林生态系统中,氮素相对受限制 (Schimel and Weintraub, 2003)。菌根真菌与土壤腐生菌都需要可利用养分来维持自身的生长和繁殖,而相比较于腐生菌,外生菌根真菌可以直接从宿主植物获取碳源,因此,其将会分配更多的碳源,从而抑制腐生菌的生长,导致土壤有机质分解速率降低,利于碳储量增加 (Orwin et al., 2011; Averill et al., 2014)。②化学抑制 (chemical inhibition):研究发现外生菌根真菌可以分泌抗生素 (Santoro and Casida, 1962; Werner et al., 2002) 甚至挥发性有机物 (Krupa and Fries, 1971),从而抑制土壤腐生菌的生长。但是,相关研究主要基于纯培养系统,仍缺乏野外直接证据证明外生菌根通过分泌次级代谢物,影响土壤微生物活力,进而影响土壤碳循环过程(Fernandez and Kennedy, 2016)。③真菌寄生作用 (mycoparasitism):一种真菌寄生于另一种真菌上的现象叫真菌寄生作用。相比较于森林生态系统植物凋落物质量,腐生真菌生物量质量更高 (Koide et al., 2011; Fernandez and Koide, 2014),外生菌根真菌为获取养分,可直接利用腐生真菌作为营养物质(木质素含量高),从而抑制腐生菌的生长,降低土壤有机质分解速率(Mucha et al., 2006)。④改变土壤含水量:由于水分是土壤有机质分解过程的主要限制因子,一般认为在一定范围内如果土壤含水量升高,土壤有机质的分解速率将随之升高 (Coûteaux et al., 1995)。而外生菌根真菌通过吸收大量的土壤水分,从而降低微生物的分解能力,抑制有机质的分解 (Koide and Wu, 2003)。此外,研究发现外生菌根植物凋落物的化学成分更难分解,即 C/N 值较高,凋落物分解较慢,更有利于外生菌根系统形成碳汇 (Cornelissen et al., 2001; Phillips et al., 2013)。

丛枝菌根真菌可以利用高达 20%宿主植物的光合作用产物(Smith and Read, 2010),积累转化为难降解的有机质——几丁质、角质和球囊霉素,并转移至土壤碳库中,从而增加土壤有机质的固存量 (Wilson, 2009; Rillig and Mummey, 2006)。许多研究表明:丛枝菌根真菌能产生球囊霉素(glomalin)。球囊霉素是一类含有金属离子的耐热糖蛋白,其含有 36%~59%的碳元素,是丛枝菌根真菌细胞壁的组成部分(Wright and Upadhyaya, 1998; Lovelock et al., 2004)。球囊霉素能够作为胶结剂帮助固定土壤微粒,形成团聚体,这些土壤团聚体的形成,可以保护土壤有机质免受微生物的分解,利于土壤有机质的稳定 (Rillig, 2004; Wilson et al., 2009)。Driver 等 (2005) 的研究认为,球囊霉素不是丛枝菌根真菌菌丝的分泌物,而是菌丝死亡后的分解产物。此外,丛枝菌根菌丝可以通过物理作用如穿插、挤压或缠绕土壤,促进相对稳定的土壤小团聚体的形成 (Six et al., 2004)。

#### 4.2.2.2 菌根真菌的分解功能

微生物分解有机质主要通过分泌胞外酶将复杂的有机质降解为单聚体或寡聚体,再经过代谢释放出 $CO_2$ 和营养物质(Davidson and Janssens,2006;Talbot et al.,2008)。早期的研究人员发现,菌根真菌可以在有机质上繁殖生长,并推测菌根真菌可能存在腐生营养的能力(Mosse,1959;St. John et al.,1983)。后来有研究证实,外生菌根真菌可以吸收利用土壤中的有机小分子物质(如葡萄糖和氨基酸)(Nehls et al.,1999;Chalot et al.,2002;Talbot et al.,2008)。相对于丛枝菌根真菌,外生菌根真菌具有腐生营养的能力,其可以分泌大量的胞外水解酶,直接分解土壤有机质摄取养分(Bending and Read,1995;Read and Perez-Moreno,2003;Read et al.,2004),从而影响土壤碳氮循环过程。然而,最近的研究发现,丛枝菌根真菌同样具有腐生营养的能力或者通过其他机制分解土壤有机质(Hodge et al.,2001,2010;Tu et al.,2006;Cheng et al.,2012)。Hodge等(2001)对车前(*Plantago asiatica*)接种丛枝菌根真菌后,利用 $^{15}N$ 同位素标记法发现丛枝菌根真菌能够分解黑麦草(*Lolium perenne*)凋落物并吸收其叶片氮。随后,Tu等(2006)对 $C_4$ 植物野燕麦(*Avena fatua*)接种丛枝菌根真菌,以 $C_3$ 植物柳枝稷(*Panicum virgatum*)凋落物为底物,利用同位素 $^{13}C^{15}N$ 双标记法发现,丛枝菌根真菌可以促进有机质的分解,但具体机制仍不清楚。这些研究结果表明,丛枝菌根真菌也有腐生营养的能力,在分解土壤有机质方面起着重要的作用。

Talbot等(2008)总结了已有的研究结果,提出三种假说来解释菌根真菌如何影响土壤有机质的分解:①B计划假说(plan B hypothesis),即当植物光合作用减弱而导致减少对菌根菌根的碳源供应时,菌根真菌则会转为降解土壤有机质,从而满足自身生长的能源需求,同时又给宿主提供营养物质。例如,Mosca等(2007)研究发现:在温带森林生态系统中,通过森林树木间伐,造成外生菌根真菌碳源大量减少,但外生菌根根际土壤中胞外酶活性较高,土壤有机质分解加速,从而为外生菌根真菌提供生长所需的碳源。②符合分解者假说,即在无机营养匮乏的土中,菌根真菌通常分解土壤有机质以满足自身生长的营养需求。③激发效应假说(priming effect hypothesis),即菌根通过分泌活性有机质,为土壤微生物提供额外的能源物质,从而提高土壤微生物活性,促进有机质的分解(Cheng et al.,2012)。例如,Cheng等(2012)利用同位素标记法研究发现,在 $CO_2$ 升高条件下,丛枝菌根真菌可以促进土壤有机质的分解。其认为在 $CO_2$ 升高条件下,丛枝菌根通过激发效应,促进腐生微生物分解土壤有机质,从而帮助植物获取土壤氮素。

### 4.2.3 菌根真菌研究方法

#### 4.2.3.1 侵染率测定

菌根真菌检测的常规方法是基于形态学观察,如采用化学试剂对被菌根真菌侵染的植物根组织进行染色,并在显微镜下检测出菌根真菌是否侵染宿主植物(Phillips and Hayman,1970)。菌根真菌的侵染强度可以反映其活力与丰度。

丛枝菌根真菌侵染率的测定：将植物根样用自来水洗净（若植物根已风干，通常需用去离子水浸泡根样 12h），将洗净的根剪成 1.0cm 左右的根段，置于坩埚中，加入 10% 碱液（KOH）并置于 90℃水浴锅中加热约 20min，使得植物根透明化；取出样品用去离子水洗去碱液，加入 1% HCl 漂白（约 15min）；最后放置于台盼蓝（0.05%）溶液中染色 3~5min（Phillips and Hayman，1970）。制片观察，将染色过的根样（约 200 个根段）放置于半径为 5cm 的培养皿中，加去离子水作为浮载剂，置于显微镜下观察，采用十字交叉法计数（曾端香等，2011），在显微镜下检查每条根段的侵染情况，菌根侵染率（%）= 菌根侵染的交叉点数/检查的总交叉点数×100。该方法染色效果可靠稳定，但毒性较大，操作时需注意安全。

外生菌根侵染率的测定：同样采用 Phillips 和 Hayman（1970）的染色法对样品进行染色。根样染色后，在解剖镜（10×）下观察，发现根尖有菌丝包裹和根尖粗且圆的根为菌根侵染的根。外生菌根侵染计算公式为：菌根侵染率（%）=菌根真菌侵染根尖个数/（菌根真菌侵染根尖个数+未被菌根真菌侵染根尖个数）×100。

### 4.2.3.2　根外菌丝密度测定

根外菌丝（external hyphae）是分布于土壤中的菌丝体，通常呈网状结构，向植物根周围土壤扩展，有利于扩大根系吸收面。同时从宿主植物中吸收糖类等有机质作为营养物质（Smith and Read，2010）。

菌根真菌菌丝密度的测定采用菌丝抽滤法（Jakobsen et al.，1992）。具体操作方法：称取 5g 风干土于 1.5L 烧杯中；加 1L 蒸馏水充分搅拌使菌丝脱落，制成土壤悬浊液；静置 1min，待土壤悬液无明显漩涡后，用双层筛（上筛 20 目，下筛 400 目）过滤该土壤悬浊液；再加水于 1.5L 烧杯中，重复过筛 2 次；将烧杯中的土冲洗干净；下筛中的物质用水冲入搅拌机，搅拌 10s，停 5s，再搅 20s；将搅拌后的悬浊液转移至三角瓶中，定容至 250ml，摇床剧烈振荡后，静置 1min；用移液枪在液面下统一深度 1cm 处，吸取 5ml 悬浊液于微孔滤膜（1.2μm）上，进行真空抽滤；抽滤后将滤膜转移至滴有甘油溶液（30%）的载玻片，滴加 1~2 滴 0.05%台盼蓝染色；染色后，进行制片，静置 20h 后用显微镜观察，在 200 倍显微镜下随机选取 25 个点进行观察计数。估算菌丝长度采用网格交叉法，交叉点数为菌丝与十字交叉格横竖方向上的全部点数。菌丝密度（m/g 土壤）=11/14×总交叉点数×网格单元格长度（m）×滤膜上样块面积（cm$^2$）/[网格面积（cm$^2$）×所称土样质量（g）]。

### 4.2.3.3　麦角甾醇测定

麦角甾醇（ergosterol）是真菌细胞膜上最主要的甾醇类物质。一般植物和细菌都不含有麦角甾醇。由于这一特异性，麦角甾醇被用来作为土壤真菌的生物标记物，可以通过测定土壤中的麦角甾醇含量来估算真菌生物量（Hobbie et al.，2009）。土壤麦角甾醇含量作为真菌生物量的指标的首要条件是，土壤真菌生物量中麦角甾醇浓度不随真菌种类、活性、生长繁殖条件而变化。真菌死亡后其细胞内的麦角甾醇被迅速分解，使测得的麦角甾醇全部来自活体真菌。但已有研究表明，某些真菌（如某些广泛存在的丛枝菌根真菌）不含麦角甾醇，在这种情况下，麦角甾醇法不能把它们的生物量测定出来。另外，麦角甾醇有可能在某些死亡的真菌细胞中累积一段时间。在这种情况下测出的真菌生物量有可能超过微生物的总生物量。

目前提取测定土壤麦角甾醇的方法主要有 3 种：直接浸提法、浸提-皂化法和超临界萃取法。常用的浸提剂有甲醇、乙醇、乙烷等有机溶剂。还有其他物理方法（如超声波和微波辐射）被用来提高麦角甾醇的提取率（Hobbie et al.，2009）。将从真菌中提取出来的麦角甾醇过滤后，用高效液相色谱仪测定其含量，再通过经验公式换算出真菌的生物量碳（Hobbie et al.，2009）。

操作步骤：称取 0.5g 土壤样品，放入离心管中，加入 2ml 甲醇和 0.5ml 浓度为 2mol/L 的氢氧化钠溶液，混匀，70℃下水浴 90min。冷却样品后，加入 1ml 甲醇和 3ml 正戊烷，涡旋 20s。离心，用一次性吸管吸取上清液，此步骤重复三次。

用氮气吹干上清液，再将吹干样品溶解于 1ml 甲醇溶液中，用 0.45μm 滤膜进行过滤，过滤液通过反相高效液相色谱法测定，避免试剂毒性。色谱条件：色谱柱，安捷伦（250mm×4.6mm）；流速，2ml/min；进样量，20μl；流动相，92%甲醇和 8%水混合样；出峰时间，约 2min。

麦角甾醇标准曲线建立方法如下。

将麦角甾醇标准液用甲醇分别稀释成浓度为 0ppm、0.5ppm、1.0ppm、2.5ppm、5.0ppm、10.0ppm、20.0ppm，进行测定，以麦角甾醇标准系列浓度（$X$）为横坐标，相应的色谱峰面积为纵坐标（$Y$），得到一线性方程（$R^2 > 0.999$），可知麦角甾醇在 0～20.0ppm 线性良好。再根据 Montgomery 等（2000）的经验公式即每 4mg 真菌生物量约含 1μg 麦角甾醇，从而换算出真菌的生物量。

### 4.2.3.4 磷脂脂肪酸法测定

磷脂脂肪酸（phospholipid fatty acid，PLFA）是所有活细胞细胞膜的主要成分，具有生物学特异性和多样性，被广泛用于土壤微生物丰度和群落结构的研究。在微生物生长过程中，PLFA 迅速合成，细胞死亡后又迅速分解。它们不会在有机质中积累。因此 PLFA 的总浓度能够反映活的土壤微生物生物量的信息，而 PLFA 的组成成分，则能够反映出土壤微生物群落结构的信息。目前，人们常用 PLFA 来估算活的菌根真菌的生物量。与传统的分析方法相比较，PLFA 不需要分离和培养的技术，是一种更为快速、简单、精确的微生物分析方法，但也有不足之处。

具体步骤：具体方法参照第五章，通过 PLFA 图谱中不同磷脂脂肪酸的种类和含量来分析微生物的种类和生物量。脂肪酸常用的命名格式为：$X : Y\omega Z$（c/t），$X$ 表示总碳数，$Y$ 表示双键数，$\omega$ 表示甲基末端，$Z$ 表示距甲基端的距离，c 表示顺式，t 表示反式。例如：16：1ω7c 表示含有 16 个 C 原子/一个双键/双键距离甲基（ω）端 7 个 C 原子/顺式构型脂肪酸。不同微生物相对应的磷脂脂肪酸的标记见表 4.1。丛枝菌根真菌可以用 16：1ω5c 表示，外生菌根真菌用 18：2ω6、18：2ω9 表示。

**表 4.1　常见用于表示土壤微生物群落结构的脂肪酸**

| 微生物 | 对应的脂肪酸 |
| --- | --- |
| 细菌 | i15：0、a15：0、15：0、i16：0、16：1ω9、16：1ω9、16：1ω7t、i17：0、a17：0、17：0、18：1ω7 和 cy19：0 |
| 真菌 | 18：1ω9、18：2ω6、18：3ω6、18：3ω3 |
| 革兰氏阳性菌（G+ bacteria） | 16：0（10Me）、17：0（10Me）、18：0（10Me）、i15：0、a15：0、i16：0、i17：0、a17：0 |
| 革兰氏阳性菌（G- bacteria） | 16：1ω5、16：1ω7t、16：1ω9、cy17：0、18：1ω5、18：1ω7 和 cy19：0 |
| 丛枝菌根真菌 | 16：1ω5c |
| 外生菌根真菌 | 18：2ω6、18：2ω9 |

注：i 表示异构甲基支链，a 表示前异构甲基支链，Me 表示甲基支链，cy 表示环丙基

#### 4.2.3.5　qPCR 法测定

随着分子生物学技术的飞速发展，人们开始利用分子生物学方法分析检测菌根真菌。通过分析核糖体 DNA 序列，设计出菌根真菌种或属水平的特异性引物，在一定程度上克服了形态学鉴定的局限性。实时荧光定量 PCR（real-time fluorescence quantitative PCR）技术是近几年新发展起来的一种用于微生物定量研究的方法，该方法具有高度特异、灵敏、快速和操作简单等优点。在建立标准曲线的基础上可以对相应的菌根真菌进行绝对的定量研究。尽管目前 PCR 技术应用于菌根真菌的报道仍较少，已有的研究报道，实时定量 PCR 可以准确、快速地实现菌根真菌的检测。

具体步骤：分别提取植物根或者土壤样本 DNA，植物根 DNA 用 Plant Genomic DNA 分离试剂盒（Tiangen Biotech Beijing CO.，Ltd. China；中国天根生化科技(北京)有限公司）提取，土壤 DNA 用 Power Soil DNA 分离试剂盒（MoBio Laboratories，Carlsbad，CA，USA；美国加利福尼亚卡尔斯巴德）提取，分别称取 0.2g 植物样本或 0.3g 新鲜土壤，严格按照试剂盒的操作手册提取植物或土壤样品 DNA，得到的样品通过 Nanodrop ND-1000 分光光度计（Thermo Scientific，Wilmington，DE，USA）检测 DNA 浓度。

外生菌根以 ITS1F（CTTGGTCATTTAGAGGAAGTAA）和 ITS4B（CAGGAGACTTG TACACGGTCCAG）为引物。内生菌根真菌用特定 PCR 引物和 TaqMan 水解探针结合方法，通过扩增不同丛枝菌根菌种大核糖体分类单元基因来实现丛枝菌根真菌丰度测定。再分别用 ABI7300 实时定量 PCR 仪（Applied Biosystem，Foster City，CA，USA）进行 qPCR 产物的扩增反应。定量 PCR 反应体系共 20μl，包括：1μl DNA 模板、上下游引物各 0.5μl、10μl SYBRs Premix ExTaq$^{TM}$（Takara，Dalian，China）、0.8μl BSA（5mg/ml）和 7.2μl 去离子水。具体反应条件见表 4.2。

**标准曲线建立**：从目标土壤样品中提取 DNA，将待测基因的目的片段克隆到质粒中，测定质粒浓度，计算其拷贝数，再稀释成不同浓度的标准品，根据标准品的 Ct 值（指每个反应管内的荧光信号达到设定阈值时所经历的循环数）得出标准曲线。

**溶解曲线分析**：通过 qPCR 扩增，系统生成溶解曲线，检查产物的解链温度（Tm 值）是否均一，从而确定扩增效率是否一致，同时检查溶解曲线是否表现为单一的峰，从而确定实验所用引物是否具有很好的特异性。

**外生菌根与丛枝菌根真菌丰度测定**：将待测样品（浓度过高时，需进行浓度稀释）

与配制的标准品同时进行 qPCR 循环，根据未知样品的 Ct 值，结合标准曲线来求得待测样品的 DNA 拷贝数，即丰度。

表 4.2　外生菌根真菌和丛枝菌根真菌的引物及热循环条件

| 目标真菌 | 引物与探针序列 | qPCR 反应条件 | 参考文献 |
|---|---|---|---|
| 外生菌根真菌 | CTTGGTCATTTAGAGGAAGTAA（1）<br>CAGGAGACTTGTACACGGTCCAG（2） | 94℃ 3min（1 个循环）；94℃ 1min，50℃ 1min，72℃ 3min（30 个循环）；72℃ 10min（1 个循环） | Gardes et al., 1993 |
| *Glomus claroideum* | TTCGGGTAATCAGCCTTTCG（1）<br>TCAGAGATCAGACAGGTAGCC（2）<br>TTAACCAACCACACGGGCAAGTACA（3） | 95℃ 15min（1 个循环）；95℃ 10s，50℃ 30s（30 个循环）；72℃ 10s（1 个循环） | Thonar et al., 2009 |
| *Glomus mosseae* | GCGAGTGAAGAGGGAAGAG（1）<br>TTGAAAGCGTATCGTAGATGAAC（2）<br>AACAGGACATCATAGAGGGTGACAATCCC（3） | 95℃ 15min（1 个循环）；95℃ 10s，50℃ 30s（30 个循环）；72℃ 10s（1 个循环） | Thonar et al., 2009 |
| *Glomus mosseae* | GGAAACGATTGAAGTCAGTCATACCAA（1）<br>CGAAAAAGTACACCAAGAGATCCCAAT（2）<br>AGAGTTTCAAAGCCTTCGGATTCGC（3） | 95℃ 15min（1 个循环）；95℃ 10s，50℃ 30s（30 个循环）；72℃ 10s（1 个循环） | Thonar et al., 2009 |
| *Gigaspora margarita* | CTTTGAAAAGAGAGTTAAATAG（1）<br>GTCCATAACCCAACACC（2）<br>TAACCTGCCAAACGAAGAAGTGC（3） | 95℃ 15min（1 个循环）；95℃ 10s，50℃ 30s（30 个循环）；72℃ 10s（1 个循环） | Thonar et al., 2009 |
| *Scutellospora pellucida* | AGAAACGTTTTTTACGTTCCGGGTTG（1）<br>CCAAACAACTCGACTCTTAGAAATCG（2）<br>CCGTGTATACCAACCACTGGAATGTTATT（3） | 95℃ 15min（1 个循环）；95℃ 10s，50℃ 30s（30 个循环）；72℃ 10s（1 个循环） | Thonar et al., 2009 |

注："引物与探针序列"中，（1）代表正向引物（5'-3'）；（2）代表反向引物（5'-3'）；（3）代表 TaqMan 探针（5'-3'）

### 4.2.3.6　菌根真菌群落多样性分析

菌根真菌是生态系统中生物多样性的重要组分之一，具有十分丰富的物种、遗传以及功能多样性（Smith and Read，2010；Öpik et al.，2010）。传统的菌根真菌分类鉴定方法主要是以菌根的形态学及解剖学特征进行分类研究，包括孢子形态（细胞壁的厚度、层数、颜色等）、产孢方式、菌丝侵染率、丛枝与泡囊的特征等，此方法简单直观，但存在较大主观性，且工作量大，精确性有待提高。近些年，随着分子生物学技术的发展，研究人员直接从植物根或者土壤样品中提取 DNA，然后进行 PCR 扩增，最后再用 DNA 数据库进行比对，从而对菌根真菌进行分类鉴定。

关于外生菌根真菌多样性研究，当前主要的研究方法是从植物菌根根尖或者土壤中提取 DNA，然后进行 PCR 扩增，分析真菌所特有的内转录间隔区（internal transcribed spacer，ITS）序列，从而进行外生菌根真菌多样性研究。

最近，Redecker 等（2013）对丛枝菌根真菌的分类系统作了统一划分，包括 1 纲 4 目 13 科 19 属，约 150 个物种。近些年，随着分子生物学方法的发展，尤其是高通量测序的出现，通过检测 AM 真菌物种的丰富度及生物多样性，可以理解 AM 真菌群落组成的结构、多样性及其种属间的差异。Gorzelak 等（2012）综述了目前研究丛枝菌根真菌的常用引物：VANS1/NS21、NS31/AM1、LR1/NDL22、LR1/FLR2、FLR3/FLR3、

AMV4.5NF/AMDGR、SSUmCf/LSUmBr、SSUmAf/LSUmAr，并对上述若干引物的优缺点和应用效果作了详细比较。Öpik 等（2010）首先使用 454 高通量测序（简称 454 测序）技术，分析了自然生态系统中宿主植物特异性对丛枝菌根真菌多样性的影响，使得人们对于丛枝菌根真菌群落结构的认识发生了深刻变化，具有划时代意义。其通过总结已经公开发表的文章中的 Glomeromycota DNA 序列数据，建立了 MaarjAM 数据库，首次提出用"虚拟分类单元（virtual taxa，VT）来表示 AM 真菌物种，从而有利于不同研究之间的对比。目前关于丛枝菌根真菌群落结构的研究表明，丛枝菌根真菌的地理分布十分广泛，几乎分布于全球所有生态系统中。

AM 真菌测序步骤如下。

1）制备 DNA 文库：利用核酸内切酶、聚合酶和激酶的作用在 DNA 片段的 5′端加上磷酸基团，3′端变成平端，然后分别和两个 44bp 的衔接子（adaptor）A、B 进行平端连接，具有 A、B 接头的单链 DNA 片段即组成了样品文库（在前 PCR 阶段须用带 barcode 的引物以标记扩增样品的来源）。

2）DNA 片段与磁珠结合：加入特异性的洗脱液，升温至 DNA 解链温度，选择性地将单链的 A、B 连接产物洗脱下来，利用生物素可以与链霉亲和素特异结合的特性，将这些 DNA 模板与载有过量链霉亲和素的磁珠结合，使 1 条 DNA 片段结合 1 个磁珠。

3）乳滴 PCR 扩增：将这些磁珠用包含了 PCR 反应所必需的各种试剂的油水混合物的小滴包裹后，对所有的 DNA 片段进行平行 PCR 扩增。

4）测序分析：扩增后每个磁珠上的 DNA 片段拥有同一拷贝，对结合有大量 DNA 链的珠子进行富集，随后放入反应板中进行测序，由于测序通道每次只能容纳一个微珠，测序过程中系统会将引物上 dNTP 的聚合与荧光信号释放偶联起来，通过检测荧光信号就可以达到测序的目的。454 测序不需要荧光标记的引物或核酸探针，也不需要进行电泳，具有分析结果快速、准确、灵敏度高和自动化等诸多优点。

## 4.2.4　网袋或根管模拟测定菌根系统对土壤有机碳分解的影响

### 4.2.4.1　同位素标记示踪

自然界中碳以 $^{12}C$（98.89%）、$^{13}C$（1.11%）及 $^{14}C$（放射性）等同位素形式存在。由于土壤碳库的变化很难被直接测量，利用碳同位素示踪技术可以将"新"（植物来源）、"老"（土壤）碳进行有效的区分。在植物-土壤系统中，往往可以利用碳同位素比值（$\delta^{13}C$）表示菌根真菌对土壤碳库的影响，估算碳储量的变化，量化新有机质的输入。由于 $C_3$ 植物与 $C_4$ 植物的 $\delta^{13}C$ 值差异较大，因此通常可以借助 $\delta^{13}C$ 值，追踪植物到菌根真菌的碳转移，同时借助网袋法或根管法分析不同的植被类型，如 $C_3$ 和 $C_4$ 植物种群通过不同菌根真菌类型对土壤碳库的影响。

具体方法步骤：为测定菌根真菌对有机质分解的影响，实验开始前，分别将 $C_3$ 植物黑麦草（*Lolium perenne*）和 $C_4$ 植物柳枝稷（*Panicum virgatum*）种植于花盆中（10L），待幼苗发芽生长一个月后，施入用 $^{15}N$ 标记的 $(NH_4)_2SO_4$，等植物继续生长约 2 个月，收获植物地上部分，放入 60℃的恒温箱烘干至恒重，并剪成 1cm 长的碎片，待用。

#### 4.2.4.2 外生菌根对土壤有机质分解的测定

采用网袋法研究外生菌根真菌对土壤有机质的分解作用，首先，缝制尼龙网，其规格为 8cm×8cm，网袋孔径大小分别为 0.45μm、50μm、1800μm，网袋装约 100g 沙土（稀酸冲洗）与 1g 同位素标记的凋落物，重复混匀。然后，将网袋埋入土壤中。实验结束后，取出尼龙网。

#### 4.2.4.3 内生菌根根管构建

采用根管法研究丛枝菌根真菌对土壤有机质分解的作用，首先，制作椭圆形 PVC 管，两侧开一窗口（10cm×5cm），用硅胶将不同孔隙大小（0.45μm、40μm 和 1600μm）的网膜分别粘贴于根管，用以区分丛枝菌根真菌或根对土壤有机质分解的效应（图 4.3）。0.45μm 孔径大小的网膜可以阻挡丛枝菌根真菌以及根的进入，但是并不影响水分及矿质营养的自由流动；40μm 孔径大小的网膜，只允许丛枝菌根真菌生长进入根管；1600μm 孔径大小的网膜，可以允许丛枝菌根真菌和植物根系生长进入根管。在每个根管内装约 200g 土壤凋落物混合物，将根管随机埋入土壤。

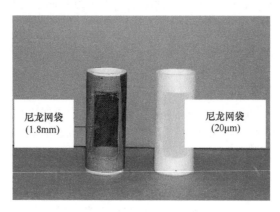

图 4.3　根和菌丝生长管

等到实验结束，取回根管，用四分法取约 20g 土壤样品风干，粉碎成粉末，装入锡箔纸中，测定根管内碳损失。

## 参 考 文 献

何振立. 1994. 土壤微生物量的测定方法: 现状和展望. 土壤学进展, 22(4): 36-44.

陶水龙, 林启美. 1998. 土壤微生物量研究方法进展. 中国土壤与肥料, (5): 15-18.

严登华, 王刚, 金鑫, 张诚, 郝彩莲, 秦天玲. 2010. 滦河流域不同土地利用类型土壤微生物量 C、TN、TP 垂直分异规律及其影响因子研究. 生态环境学报, 19(8): 1844-1849.

曾端香, 袁涛, 王莲英. 2011. AM 真菌接种剂与栽培基质对牡丹容器苗丛枝菌根侵染的影响. 中国农学通报, 27(10): 108-112.

Alef K, Kleiner D. 1986. Arginine ammonification, a simple method to estimate microbial activity potentials in soils. Soil Biology and Biochemistry, 18: 233-235.

Alef K E, Nannipieri P E. 1995. Methods in applied soil microbiology and biochemistry. Methods in Applied

Soil Microbiology and Biochemistry, 1995: 569-576.

Anderson J P E, Domsch K H. 1978. A physiological method for the quantitative measurement of microbial biomass in soils. Soil Biology and Biochemistry, 10: 215-221.

Averill C, Hawkes C V. 2016. Ectomycorrhizal fungi slow soil carbon cycling. Ecology Letters, 19: 937-947.

Averill C, Turner B L, Finzi A C. 2014. Mycorrhiza-mediated competition between plants and decomposers drives soil carbon storage. Nature, 505: 543-545.

Bardgett R D, Mommer L, de Vries F T. 2014. Going underground: root traits as drivers of ecosystem processes. Trends in Ecology and Evolution, 29: 692-699.

Bending G D, Read D J. 1995. The structure and function of the vegetative mycelium of ectomycorrhizal plants: VI. Activities of nutrient mobilizing enzymes in birch litter colonized by *Paxillus involutus* (Fr.) Fr. New Phytologist, 130(3): 411-417.

Brookes P C, Landman A, Pruden G, Jenkinson D S. 1985. Chloroform fumigation and the release of soil nitrogen: a rapid direct extraction method to measure microbial biomass nitrogen in soil. Soil Biology and Biochemistry, 17: 837-842.

Brundrett M, Tedersoo L. 2018. Evolutionary history of mycorrhizal symbiosis and global host plant diversity. New Phytologist, 220: 1108-1115.

Chalot M, Javelle A, Blaudez D, Lambilliote R, Cooke R, Sentenac H, Wipf D, Botton B. 2002. An update on nutrient transport processes in ectomycorrhizas. Plant and Soil, 244: 165-175.

Cheng L, Booker F L, Tu C, Burkey K O, Zhou L S, Shew H D, Rufty T W, Hu S J. 2012. Arbuscular mycorrhizal fungi increase organic carbon decomposition under elevated $CO_2$. Science, 337: 1084-1087.

Clark J S, Campbell J H, Grizzle H, Acosta-Martìnez V, Zak J C. 2009. Soil microbial community response to drought and precipitation variability in the Chihuahuan Desert. Microbial Ecology, 57: 248-260.

Clemmensen K E, Bahr A, Ovaskainen O, Dahlberg A, Ekblad A, Wallander H, Stenlid J, Finlay R D, Wardle D A, Lindahl B D. 2013. Roots and associated fungi drive long-term carbon sequestration in boreal forest. Science, 339: 1615-1618.

Clemmensen K E, Finlay R D, Dahlberg A, Stenlid J, Wardle D A, Lindahl B D. 2015. Carbon sequestration is related to mycorrhizal fungal community shifts during long-term succession in boreal forests. New Phytologist, 205: 1525-1536.

Contin M, Todd A, Brookes P C. 2001. The ATP concentration in the soil microbial biomass. Soil Biology and Biochemistry, 33: 701-704.

Cornelissen J, Aerts R, Cerabolini B, Werger M, van der Heijden M. 2001. Carbon cycling traits of plant species are linked with mycorrhizal strategy. Oecologia, 129: 611-619.

Coûteaux M M, Bottner P, Berg B. 1995. Litter decomposition, climate and litter quality. Trends in Ecology and Evolution, 10: 63-66.

Davidson E A, Janssens I A. 2006. Temperature sensitivity of soil carbon decomposition and feedbacks to climate change. Nature, 440(7081): 165-173.

Driver J D, Holben W E, Rillig M C. 2005. Characterization of glomalin as a hyphal wall component of arbuscular mycorrhizal fungi. Soil Biology and Biochemistry, 37(1): 101-106.

Fernandez C W, Kennedy P G. 2016. Revisiting the "Gadgil effect": do interguild fungal interactions control carbon cycling in forest soils? New Phytologist, 209: 1382-1394.

Fernandez C W, Koide R T. 2014. Initial melanin and nitrogen concentrations control the decomposition of ectomycorrhizal fungal litter. Soil Biology and Biochemistry, 77: 150-157.

Gadgil R L, Gadgil P D. 1971. Mycorrhiza and litter decomposition. Nature, 233: 133.

Gadgil R L, Gadgil P D. 1975. Suppression of litter decomposition by mycorrhizal roots of *Pinus radiata*. New Zealand Journal of Forestry Science, 5: 35-41.

Gardes M, Bruns T D. 1993. ITS primers with enhanced specificity for basidiomycetes—application to the identification of mycorrhizae and rusts. Molecular ecology, 2: 113-118.

Gorzelak M A, Holland T C, Xing X, et al. 2012. Molecular approaches for AM fungal community ecology: a primer. Journal of Microbiological Methods, 90: 108-114.

Hobbie J E, Hobbie E A, Drossman H, Conte M, Weber J C, Shamhart J, Weinrobe M. 2009. Mycorrhizal fungi supply nitrogen to host plants in Arctic tundra and boreal forests: $^{15}$N is the key signal. Canadian Journal of Microbiology, 55: 84-94.

Hodge A, Campbell C D, Fitter A H. 2001. An arbuscular mycorrhizal fungus accelerates decomposition and acquires nitrogen directly from organic material. Nature, 413: 297-299.

Hodge A, Fitter A H. 2010. Substantial nitrogen acquisition by arbuscular mycorrhizal fungi from organic material has implications for N cycling. Proceedings of the National Academy of Sciences, 107: 13754-13759.

Jakobsen I, Abbott L K, Robson A D. 1992. External hyphae of vesicular-arbuscular mycorrhizal fungi associated with *Trifolium subterraneum* L. 1. Spread of hyphae and phosphorus inflow into roots. New Phytologist, 120: 371-380.

Jenkinson D S, Davidson S A, Powlson D S. 1979. Adenosine triphosphate and microbial biomass in soil. Soil Biology and Biochemistry, 11: 521-527.

Jenkinson D S, Powlson D S, Wedderburn T L R W. 1976. The effects of biocidal treatments on metabolism in soil—III. The relationship between soil biovolume, measured by optical microscopy, and the flush of decomposition caused by fumigation. Soil Biology and Biochemistry, 8: 189-202.

Joergensen R G, Brookes P C. 2005. Quantification of soil microbial biomass by fumigation-extraction. Soil Biology, 5: 281-295.

Khullar S, Reddy M S. 2018. Ectomycorrhizal fungi and its role in metal homeostasis through metallothionein and glutathione mechanisms. Current Biotechnology, 7: 231-241.

Kiers E T, Duhamel M, Beesetty Y, Mensah J A, Franken O, Verbruggen E, Fellbaum C R, Kowalchuk G A, Hart M M, Bago A, Palmer T M, West S A, Vandenkoornhuyse P, Jansa J, Bücking H. 2011. Reciprocal rewards stabilize cooperation in the mycorrhizal symbiosis. Science, 333: 880-882.

Koide R T, Wu T. 2003. Ectomycorrhizas and retarded decomposition in a *Pinus resinosa* plantation. New Phytologist, 158: 401-407.

Koide R T, Fernandez C W, Peoples M S. 2011. Can ectomycorrhizal colonization of *Pinus resinosa* roots affect their decomposition? New Phytologist, 191: 508-514.

Krupa S, Fries N. 1971. Studies on ectomycorrhizae of pine. I. Production of volatile organic compounds. Canadian Journal of Botany, 49: 1425-1431.

Ladd J N, Amato M. 1989. Relationship between microbial biomass carbon in soils and absorbance (260 nm) of extracts of fumigated soils. Soil Biology and Biochemistry, 21: 457-459.

Lal R. 2004. Soil carbon sequestration impacts on global climate change and food security. Science, 304: 1623-1627.

Lehmann J. 2007. A handful of carbon. Nature, 447: 143-144.

Lehmann J, Kleber M. 2015. The contentious nature of soil organic matter. Nature, 528: 60-68.

Liu L L, King J S, Booker F L, Giardina C P, Allen H L, Hu S J. 2010. Enhanced litter input rather than changes in litter chemistry drive soil carbon and nitrogen cycles under elevated $CO_2$: a microcosm study. Global Change Biology, 15: 441-453.

Lovelock C E, Wright S E, Clark D A, Ruess R W. 2004. Soil stocks of glomalin produced by arbuscular mycorrhizal fungi across a tropical rain forest landscape. Journal of Ecology, 92: 278-287.

Martikainen P J, Palojärvi A. 1990. Evaluation of the fumigation-extraction method for the determination of microbial C and N in a range of forest soils. Soil Biology and Biochemistry, 22: 797-802.

Miransari M. 2010. Contribution of arbuscular mycorrhizal symbiosis to plant growth under different types of soil stress. Plant Biology, 12: 563-569.

Montgomery H J, Monreal C M, Young J C, Seifert S. 2000. Determination of soil fungal biomass from soil ergosterol analyses. Soil Biology and Biochemistry, 32: 1207-1217.

Mosca E, Montecchio L, Sella L, et al. 2007. Short-term effect of removing tree competition on the ectomycorrhizal status of a declining pedunculate oak forest (*Quercus robur* L.). Forest Ecology and Management, 244(1-3): 129-140.

Mosse B. 1959. The regular germination of resting spores and some observations on the growth requirements of an *Endogone* sp. causing vesicular-arbuscular mycorrhiza. Transactions of the British Mycological

Society, 42(3): 273-286.

Mucha J, Dahm H, Strzelczyk E, Werne A. 2006. Synthesis of enzymes connected with mycoparasitism by ectomycorrhizal fungi. Archives of Microbiology, 185: 69-77.

Nehls U, Kleber R, Wiese J, Hampp R. 1999. Isolation and characterization of a general amino acid permease from the ectomycorrhizal fungus *Amanita muscaria*. New Phytologist, 144: 343-349.

Oades J M, Jenkinson D S. 1979. Adenosine triphosphate content of the soil microbial biomass. Soil Biology and Biochemistry, 11: 201-204.

Öpik M, Vanatoa A, Vanatoa E, et al. 2010. The online database MaarjAM reveals global and ecosystemic distribution patterns in arbuscular mycorrhizal fungi (Glomeromycota). New Phytologist, 188: 223-241.

Orwin K H, Kirschbaum M U F, St John M G, Dickie I A. 2011. Organic nutrient uptake by mycorrhizal fungi enhances ecosystem carbon storage: a model-based assessment. Ecology Letters, 14: 493-502.

Phillips J M, Hayman D S. 1970. Improved procedures for clearing roots and staining parasitic and vesicular-arbuscular mycorrhizal fungi for rapid assessment of infection. Transactions of the British Mycological Society, 55: 158-161.

Phillips R P, Brzostek E, Midgley M G. 2013. The mycorrhizal-associated nutrient economy: a new framework for predicting carbon-nutrient couplings in temperate forests. New Phytologist, 199: 41-51.

Read D J, Leake J R, Perez-Moreno J. 2004. Mycorrhizal fungi as drivers of ecosystem processes in heathland and boreal forest biomes. Canadian Journal of Botany, 82: 1243-1263.

Read D J, Perez-Moreno J. 2003. Mycorrhizas and nutrient cycling in ecosystems—a journey towards relevance? New Phytologist, 157: 475-492.

Redecker D, Schüßler A, Stockinger H, et al. 2013. An evidence-based consensus for the classification of arbuscular mycorrhizal fungi (Glomeromycota). Mycorrhiza, 23: 515-531.

Rillig M C. 2004. Arbuscular mycorrhizae and terrestrial ecosystem processes. Ecology Letters, 7(8): 740-754.

Rillig M C, Mummey D L. 2006. Mycorrhizas and soil structure. New Phytologist, 171: 41-53.

Santoro T, Casida L E. 1962. Elaboration of antibiotics by *Boletus luteus* and certain other mycorrhizal fungi. Canadian Journal of Microbiology, 8: 43-48.

Schimel J P, Weintraub M N. 2003. The implications of exoenzyme activity on microbial carbon and nitrogen limitation in soil: a theoretical model. Soil Biology and Biochemistry, 35: 549-563.

Six J, Bossuyt H, Degryze S, Denef K. 2004. A history of research on the link between (micro)aggregates, soil biota, and soil organic matter dynamics. Soil and Tillage Research, 79: 7-31.

Smith S E, Read D J. 2010. Mycorrhizal Symbiosis. San Diego: Academic Press.

Sparling G P, West A W. 1988. A direct extraction method to estimate soil microbial C: calibration *in situ* using microbial respiration and $^{14}$C labelled cells. Soil Biology and Biochemistry, 20: 337-343.

St. John T V, Coleman D C, Reid C P P. 1983. Association of vesicular-arbuscular mycorrhizal hyphae with soil organic particles. Ecology, 64(4): 957-959.

Staddon P L, Ramsey C B, Ostle N, Ineson P, Fitter A H. 2003. Rapid turnover of hyphae of mycorrhizal fungi determined by AMS microanalysis of $^{14}$C. Science, 300: 1138-1140.

Talbot J M, Allison S D, Treseder K K. 2008. Decomposers in disguise: mycorrhizal fungi as regulators of soil C dynamics in ecosystems under global change. Functional Ecology, 22(6): 955-963.

Tate R. 2000. Soil Microbiology. 2nd ed. New York: John Wiley and Sons.

Tedersoo L, Bahram M, Polme S, Koljalg U, Yorou N S, Wijesundera R, Ruiz L V, Vasco-Palacios A M, Thu P Q, Suija A, Smith M E, Sharp C, Saluveer E, Saitta A, Rosas M, Riit T, Ratkowsky D, Pritsch K, Poldmaa K, Piepenbring M, Phosri C, Peterson M, Parts K, Partel K, Otsing E, Nouhra E, Njouonkou A L, Nilsson R H, Morgado L N, Mayor J, May T W, Majuakim L, Lodge D J, LeeS S, Larsson K H, Kohout P, Hosaka K, Hiiesalu I, Henkel T W, Harend H, Guo L D, Greslebin A, Grelet G, Geml J, Gates G, Dunstan W, Dunk C, Drenkhan R, Dearnaley J, De Kesel A, Dang T, Chen X, Buegger F, Brearley F Q, Bonito G, Anslan S, Abell S, Abarenkov K. 2014. Global diversity and geography of soil fungi. Science, 346: 1256688.

Thonar C. 2009. Synthetic mycorrhizal communities: establishment and functioning. Doctoral dissertation,

ETH Zurich.

Tu C, Booker F L, Watson D M, et al. 2006. Mycorrhizal mediation of plant N acquisition and residue decomposition: impact of mineral N inputs. Global Change Biology, 12(5): 793-803.

Turner B L, Bristow A W, Haygarth P M. 2001. Rapid estimation of microbial biomass in grassland soils by ultra-violet absorbance. Soil Biology and Biochemistry, 33: 913-919.

Vance E D, Brookes P C, Jenkinson D S. 1987. An extraction method for measuring soil microbial biomass C. Soil Biology and Biochemistry, 19: 703-707.

Veresoglou S D, Chen B, Rillig M C. 2012. Arbuscular mycorrhiza and soil nitrogen cycling. Soil Biology and Biochemistry, 46: 53-62.

Wardle D A. 2010. A comparative assessment of factors which influence microbial biomass carbon and nitrogen levels in soil. Biological Reviews, 67: 321-358.

Werner A, Zadworny M, Idzikowska K. 2002. Interaction between Laccaria laccata and Trichoderma virens in co-culture and in the rhizosphere of *Pinus sylvestris* grown *in vitro*. Mycorrhiza, 12: 139-145.

Wilson G W T, Rice C W, Rillig M C, et al. 2009. Soil aggregation and carbon sequestration are tightly correlated with the abundance of arbuscular mycorrhizal fungi: results from long-term field experiments. Ecology Letters, 12(5): 452-461.

Wright S F, Upadhyaya A. 1998. A survey of soils for aggregate stability and glomalin, a glycoprotein produced by hyphae of arbuscular mycorrhizal fungi. Plant and Soil, 198: 97-107.

Wu J, Joergensen R G, Pommerening B, Chaussod R, Brookes P C. 1990. Measurement of soil microbial biomass C by fumigation-extraction—an automated procedure. Soil Biology and Biochemistry, 22: 1167-1169.

Zhu Y G, Miller R M. 2003. Carbon cycling by arbuscular mycorrhizal fungi in soil-plant systems. Trends in Plant Science, 8: 407-409.

# 第 5 章 土壤微生物群落分析方法

## 5.1 土壤微生物群落

全球土壤中，微生物数量、种类繁多，数量达到 $10^{29}$ 数量级。这些土壤微生物群落在生物地球化学循环中发挥着重要作用。微生物群落结构及其多样性是影响土壤有机碳分解的关键因子。微生物群落结构研究最早采用的是传统培养分离方法，该方法存在着分辨率低、需培养等缺点。依照已有的培养技术和方法，只能对自然界中不到 1%的微生物进行培养。随着技术发展，研究者利用变性梯度凝胶电泳（denaturing gradient gel electrophoresis，DGGE）、高通量测序和磷脂脂肪酸（PLFA）等方法对土壤微生物群落结构和多样性进行了更深入的研究。

### 5.1.1 核酸的提取

以下不同的土壤微生物群落结构分析的方法都需要从土壤样品中提取核酸。提取核酸就是利用各种试剂根据样品中不同核酸和蛋白质的溶解性不同来对它们进行分离。土壤微生物的核酸一般可以通过两种方法提取：总 DNA 的提取和总 RNA 的提取。我们可根据研究需求选择不同的方法提取，然后进行下一步研究。

#### 5.1.1.1 土壤总 DNA 的提取

土壤总 DNA 的提取分为直接提取和间接提取。直接提取可用物理方法，如液氮研磨、超声波或者机械破碎；也可以用化学方法，例如，通过添加变性剂 SDS（十二烷基硫酸钠）、CTAB（十六烷基三甲基溴化铵）、PVP（聚乙烯吡咯烷酮）及溶菌酶来释放细胞中的 DNA，然后进行提取。间接提取可通过控制培养基的特异性和培养条件来分离纯化土壤微生物后进行 DNA 提取。就这两种 DNA 提取方法而言，间接提取法获得的微生物群落结构和多样性信息受到限制。目前，直接提取法被更多地运用到不同研究中。

以往研究多采用 Bourrain 法、Martin-Laurent 法、Tiedge 法、Janssen 法和 Reddy 法等（Lamontagne et al.，2002；Gabor et al.，2003；Zhou et al.，1996；Martin-Laurent et al.，2001；Bourrain et al.，1999），这些方法可分为两大类：人工提取法和试剂盒提取法。由于目前试剂盒提取法是最常用的方法，因此这里我们将详细介绍试剂盒提取法。土壤 DNA 提取试剂盒是根据土壤情况而设计的提取试剂组合，在提取步骤上更加便捷、提取效率上更高。我们可根据自身的土壤情况选择合适的试剂盒进行提取。我们以 PowerSoil$^{TM}$ DNA Isolation Kit 提取试剂盒为例介绍详细提取步骤。

1）在 2ml Bead Solution Tube 中加入约 0.25g 土样，轻微混合土样和 Bead Solution。注意：请参照提示和纠错指南确定加入土壤的量。发生的反应：在试管里，Bead Solution

打散土壤颗粒并开始溶解腐殖酸。

2）检查 S1 溶液，若 S1 溶液有沉淀，可用 60℃水加热使其溶解。在试管中加入 60μl S1 溶液，快速涡旋 3～4s。发生的反应：S1 溶液含有 SDS，这是一种有助于细胞溶解的洗涤剂，可破坏脂肪酸和几种微生物细胞膜相关的脂类。

3）将试管水平放置在涡旋仪上以最大速度涡旋 10min。发生的反应：充分混合土样、Bead Solution 和 S1 溶液。

4）将试管在离心机中使用转速 10 000g 离心 30s。注意：转速不能超过 10 000g，否则会损坏试管。发生的反应：经过离心后，细胞残骸、土壤、珠子和腐殖酸等微粒将结合为沉淀，土壤 DNA 在试管的上清液中。

5）将上清液转移到干净的 2ml Collection Tube 中。注意：根据不同土壤类型会产生 400～450μl 上清液，上清液中可能仍然包含一些土壤颗粒。

6）在 Collection Tube 中加入 250μl S2 溶液，涡旋 5s，4℃冰箱中静置 5min。发生的反应：S2 溶液中含有一种蛋白质沉淀试剂。这一步对于移除降低 DNA 纯度和抑制后续 DNA 利用的污染蛋白十分重要。

7）离心机中转速 10 000g 离心 1min。

8）将整个上清液转移到干净的 2ml Collection Tube 中。发生的反应：此时的沉淀物包含腐殖酸、细胞残骸和蛋白质残渣。为了获得最大量和质量最高的 DNA，尽量避免将任何沉淀物转移到干净试管中。

9）摇晃 S3 溶液，在装有上清液的试管中加入 1.3ml S3 溶液，涡旋 5s。注意：大量的溶液可能会漫到试管边缘，手拿试管时须倍加小心。发生的反应：S3 溶液是一种使 DNA 凝结的盐溶液。DNA 在高盐浓度下会凝结在硅砂上。

10）将 700μl 上一步骤的溶液转移到 Spin Filter 中，在离心机中转速 10 000g 离心 1min。

11）弃掉膜流出液，将剩下的上清液加入到 Spin Filter，在离心机中转速 10 000g 离心 1min。重复此步骤直至所有上清液都通过 Spin Filter。注意：每个样本需要三次添加过程。发生的反应：DNA 选择性地结合在 Spin Filter 的硅膜上，几乎所有污染物都已通过了过滤膜，只留下需要的 DNA。

12）在 Spin Filter 中加入 300μl S4 溶液，在离心机中转速 10 000g 离心 30s。发生的反应：S4 是一种用于进一步清洁附着在 Spin Filter 硅膜上 DNA 的清洗溶液。这种试剂移除了使 DNA 黏附在硅膜上的盐、腐殖酸和其他污染物的残渣。注意：当土壤中含有很高的腐殖酸成分时，需要进行一次以上的 DNA 清洗。

13）弃掉 2ml Collection Tube 中的上层洗涤流出液。发生的反应：洗涤流出液包含了乙醇洗涤液和没有黏附到 Spin Filter 硅膜上的废物成分。

14）离心机中转速 10 000g 离心 1min。发生的反应：移除 S4 溶液。因为洗涤液会影响 DNA 的下游反应，所以移除所有的洗涤液是十分必要的。

15）小心地将 Spin Filter 放入干净的 2ml Collection Tube 中。避免 S4 溶液溅到 Spin Filter 中。

16）在 Spin Filter 白色滤膜中央加入 500μl S5 溶液。

17）离心机中转速 10 000$g$ 离心 30s。发生的反应：S5 溶液是一种洗脱溶液，当 S5 溶液通过硅膜时，DNA 脱离下来，流经滤膜进入 Collection Tube 中。

18）弃掉 Spin Filter。试管中的 DNA 即可用于下一步研究。注意：提取的 DNA 可保存在-80℃或者-20℃的冰箱中。

### 5.1.1.2　土壤总 RNA 的提取

土壤总 RNA 的提取有助于我们分析土壤中微生物代谢活性和微生物群落结构及多样性间的关系。不同于土壤总 DNA 的提取，土壤总 RNA 提取的要求更高，所用的玻璃器皿和塑料器皿必须用 1g/L 的焦碳酸二乙酯（diethyl pyrocarbonate，DEPC）溶液浸泡过夜，所用溶液和水也需要用 1g/L 的 DEPC 溶液 37℃浸泡过夜后再灭菌。提取过程所在的超净工作台也需用 1g/L 的 DEPC 溶液喷雾处理,实验全过程保持不被 RNA 酶污染。用来提取总 RNA 的土壤应在土壤样品采集后尽快提取，也可以在冻干、-20℃或者-80℃下保存。目前，土壤总 RNA 的提取方法主要有以下 4 种：Felske 法、Fleming 法、Chang 法和 Bürgmann 法（Felske et al.，1996；Fleming et al.，1998；Chang et al.，1993；Bürgmann et al.，2003）。这里将详细介绍一种通用的用 PowerSoil™ Total RNA Isolation Kit 试剂盒提取土壤总 RNA 的方法。

1）在 15ml 磁珠管中加入 2g 土壤。注意：请参照提示和纠错指南确定加入土壤的量。

2）在磁珠管中加入 2.5ml Bead Solution，并涡旋混合。

3）在磁珠管中加入 0.25ml SR1 并涡旋混合。发生的反应：Bead Solution 是一种缓冲液，可用来打散细胞和土壤颗粒。SR1 包括 SDS 和其他能帮助细胞裂解的破碎剂。除了帮助细胞破碎外，SDS 是阴离子洗涤剂，可以破坏脂肪酸和几种微生物细胞膜相关的脂类。注意：如果天气较冷，可能会形成白色沉淀。可加热至 60℃溶解 SDS，该操作不会影响其他裂解试剂的作用。

4）在磁珠管中加入 0.8ml SR2，涡旋仪最大转速涡旋 5min。发生的反应：SR2 是一种沉淀试剂，可用来去除非 DNA 有机物和无机物，包括腐殖质、细胞碎片以及蛋白质。污染有机物和无机物可能会降低 DNA 纯度和抑制后续的 DNA 利用。涡旋对细胞均化和细胞裂解至关重要。

5）加入 3.5ml 酚-氯仿-异戊醇（pH 6.5～8.0），涡旋直至分层消失。

6）用涡旋仪最大转速涡旋 10min。发生的反应：1）至 5）步的化学试剂和涡旋混合使细胞裂解，酚-氯仿-异戊醇使其最大程度裂解。溶解的细胞和试剂混合在一起，蛋白质降解，只剩下核酸在溶液中。

7）使用离心机在室温下转速 2500$g$ 离心 10min。发生的反应：离心导致混合样品相分离。离心后能观察到三相，底下的有机相包括蛋白质和细胞碎片，中间相包括腐殖质和其他无机物质，上层相包括所有的核酸。

8）将含有核酸的上层水相小心地移取到干净的 15ml 试管中。注意：不要碰到中间相和下层酚相，并丢弃这两相。

9）加 1.5ml SR3 到水相中，涡旋混合，4℃静置 10min。发生的反应：加 SR3 是二次沉淀步骤,可进一步去除其中的蛋白质和细胞碎片。

10)使用离心机在室温下转速 2500g 离心 10min。

11)将上清液转移到干净的 15ml 试管中,注意不要碰到下面的沉淀物。发生的反应:包括核酸的上清液转移到新的试管中,剩下非核酸物质。

12)加 5ml SR4 到试管中,倒置混合,−20℃静置 30min。注意:对于含盐量高的样品,室温条件下加 SR4 静置将得到高 RNA 产量。

13)使用离心机在室温下转速 2500g 离心 30min。

14)倒出上清液,将试管倒置在纸巾上 5min。注意:依据土壤类型的不同,沉淀可能较大或颜色较深。发生的反应:SR4 是纯异戊醇,可沉淀核酸,丢弃上清液。

15)摇晃 SR5 使其混合,加 1ml SR5 到试管中,使沉淀再完全悬浮。注意:土壤样品不同,沉淀有可能不易悬浮,可能需要将试管放到 45℃的水浴池中 10min 再悬浮,再涡旋混合,重复这样的操作直到沉淀重悬浮。

16)为每个 RNA 样品准备一个捕集柱。将捕集柱悬挂到试管上,加 2ml SR5 到捕集柱,使其在重力作用下完全流过捕集柱。注意:在加 RNA 样品前不要让捕集柱流干。

17)将 15)步骤中的 RNA 分离样加到捕集柱中,使其流过捕集柱。

18)用 1ml SR5 洗涤捕集柱,流出液收集在干净的试管中。发生的反应:样品加到捕集柱上,核酸结合到柱基质上。捕集柱用 SR5 洗涤,确保将没结合的污染物去除掉。

19)将捕集柱转移到新试管中,摇晃 SR6,然后加 1ml SR6 到捕集柱中使其流过捕集柱,洗提 RNA。发生的反应:SR6 RNA 洗提缓冲液是专有的盐溶液,它能使 RNA 流出,而 DNA、剩下的细胞碎片和抑制剂依然留在捕集柱上。

20)将洗提的 RNA 转移到 2.2ml 的试管中,并加入 1ml SR4,至少倒置混合一次,−20℃静置 10min。

21)使用离心机在室温下 13 000g 离心 15min。

22)移除上清液,在纸巾上倒置 2.2ml 试管 10min,风干颗粒物。

23)加入 100μl SR7 使 RNA 颗粒悬浮。发生的反应:SR7 是不含 RNA 酶和 DNA 酶的水,用来悬浮 DNA。溶液 SR7 不含 EDTA。长期保存可用 10mmol/L Tris(pH 8.0)或者 TE 缓冲液来再次悬浮 RNA。注意:虽然大多数样品不会发生 DNA 交叉感染,有些有机质含量高的土壤可能会出现罕见的交叉感染情况。在这种情况下,DNA 污染物的去除很重要,纯化的 RNA 应该直接用 PCR 检测。

### 5.1.2 微生物群落的测定方法

#### 5.1.2.1 变性梯度凝胶电泳

变性梯度凝胶电泳(DGGE)技术是根据 DNA 片段的溶解行为差异而分离片段大小相同但碱基排列不同的 PCR 产物。双链 DNA 分子在含有从低到高浓度的线性变性剂的聚丙烯酰胺凝胶系统中电泳,因其 DNA 双链的解链速度和程度与碱基排列密切相关,当其达到变性要求的最低浓度处,DNA 双链就会解开,最终导致不同碱基组成和排列的 DNA 片段分布于凝胶的不同位置。基于这种变性技术的特异性,设定足够精细的电泳条件，具有微小差异的 DNA 片段也可以被分开，进而进行下一步微生物种属鉴别。

具体操作步骤如下。

提取土壤样品中的基因组 DNA，随后利用 PCR 技术扩增 DNA 片段。PCR 产物待用。

制备含变性剂的聚丙烯酰胺凝胶。首先将 7mol/L 的尿素和质量分数为 40%的去离子甲酰胺混合制成 100%变性剂，将其制备成一系列梯度为 35%~60%的 80g/L 聚丙烯酰胺凝胶。变性剂浓度从凝胶的上方向下方递增。待凝胶完全凝固后，将凝胶板转移至已装有 60℃缓冲液（1×TAE 缓冲液）的电泳槽内。将已扩增的 PCR 产物连同体积分数占 10%的上样缓冲液（0.8g/L 溴酚蓝、0.8g/L 二甲苯青、30%的甘油）加入到每个胶孔中，设定电压 200V 电泳 5h。电泳完成后，将凝胶置于 1/1000 稀释的 SYBR Green I 核酸染料中染色 20~30min，并使用紫外凝胶系统观察。

在紫外凝胶系统下，利用洁净的切胶刀片将含有目的 DNA 片段的凝胶切下，放入灭菌的 2ml 离心管中，在离心管中加入 2~3 倍的去离子水浸泡过夜。以此离心管中产物为模板再次进行 DGGE 分离，直至分离产物与母条带出现在同一位置，最后用不带 GC 夹的引物进行 PCR 扩增，将本次扩增产物送至测序公司进行测序。将获得的测序结果与 NCBI 基因数据库进行比对，获得微生物群落信息。获得微生物序列后可使用生物学软件搜索并构建系统发育树。目前常用的软件有 BLAST、CLUSTAL、DNAMAN、Sequin、BankIt、MEGA 等。BLAST 是目前使用最为广泛的序列相似性搜索软件。利用这种软件，我们可以在数据库中查找某一个序列的同源性序列，将待研究序列与 DNA 或蛋白质序列库进行比较，找出与此序列相似的已知序列。CLUSTAL 是一种广泛使用的多序列比对软件，其利用渐进的比对方法并计算成对序列的相似性分值，然后根据相似性分值进行分组；比对每组间的序列并计算每组间的相似性分值；继续根据相似性分值比对分组，直至得到最终比对结果。DNAMAN 是使用普遍的一种序列分析软件。它的功能强大，可以以不同形式显示序列，分析 DNA 序列的限制性酶切位点，比对 DNA 序列，分析序列同源性，画出质粒模式图等。Sequin 分析软件可以用来向 GenBank 提交大量序列，它可以方便地编辑并处理复杂注释，包含一系列内建的检查函数来提高序列的质量保证。BankIt 软件使用较方便，包含一系列联络信息、发布要求、引用参考信息、序列来源信息以及序列本身的信息等，但是这种软件只适用于少量序列，不适用于大量序列或者较长的序列。MEGA 软件主要用来计算碱基组成，转换、颠换比率，群组内、群组间核苷酸多样性，以及遗传距离，并以不同算法画出各种进化树图。

DGGE 技术简单、快捷、重复性好，可以检测出难以或不能培养的微生物，而且检测效率高。这种技术也无需同位素标记，可避免同位素污染及对人体造成的伤害。但是此种方法适用于较小片段（500~1000bp）的分离，对大片段的分离效率不高。而且这种方法只能鉴别微生物群落中占比大于 1%的优势菌群，不能检测到其余弱势菌群。在微生物群落中，有些种类的不同拷贝存在多态性问题，因此 DGGE 可能会高估土壤中微生物多样性。而且这种方法依赖于基因数据库，若数据库中基因信息不够丰富，将会限制 DGGE 的使用。

### 5.1.2.2 高通量测序

**1. 第一代测序技术**

20 世纪 70 年代，桑格（Sanger）等发明的双脱氧核苷酸末端终止法的出现拉开了第一代测序技术的序幕（Maxam and Gilbert，1977）。Sanger 测序是以末端终止法为基本原理建立起来的。其主要原理就是利用 DNA 聚合酶，以待测单链 DNA 为模板，以脱氧核苷三磷酸（dNTP）为底物进行延伸反应，生成相互独立的若干组带放射性标记的寡核苷酸，每组核苷酸都有共同的起点，却随机终止于一种（或多种）特定的残基，形成一系列以某一特定核苷酸为末端的长度不一的寡核苷酸混合物，这些寡核苷酸的长度由这个特定碱基在待测 DNA 片段上的位置所决定。然后通过高分辨率的变性聚丙烯酰胺凝胶电泳，经放射自显影检测后，从放射自显影胶片上按 $5'\rightarrow3'$ 方向直接读出待测 DNA 上的核苷酸顺序，由此推知待测模板的序列。

**2. 第二代测序技术**

Sanger 测序技术以其方便简单、可靠准确、测序片段长的优点大大推动了微生物群落结构及其多样性在地球碳循环中的功能研究，但是该技术最大的缺点是无法进一步扩大和微量化。2005 年，Roche 生物公司首先推出划时代的新型高通量测序平台。新一代测序方法的数据产出通量高，可为土壤微生物物种、结构、功能和遗传多样性的研究提供丰富的信息。这些测序方法主要包括以边合成边测序的 454 技术、边合成边测序的 Illumina 技术和边连接边测序的 SOLiD 技术等方法为代表的第二代测序（second generation sequencing）技术。下面将详细介绍这三种常见的第二代测序技术。

1）454 测序技术：454 测序平台是市场上出现的第一个新一代高通量测序平台。这种测序方法基于帕尔·奈伦（Pal Nyren）等发明的焦磷酸测序（Ronaghi et al.，1996）。不同于 Sanger 测序方法，454 测序是主要利用 DNA 乳胶扩增系统和以皮升体积的焦磷酸为基础的测序方法，其主要原理是：将单链 DNA 文库固定于相应的 DNA 捕获磁珠上，不同的磁珠上固定有不同的单链 DNA 片段，随后经过乳液 PCR 扩增，形成单分子多拷贝的分子簇。DNA 片段在各自反应体系中发生扩增反应之后，打破乳化体系，将携带有 PCR 产物的磁珠随后放入只能容纳单个磁珠的 Pico Titer Plate（PTP）板中开始测序。在每个循环中，dNTP 会随着模板链移动。当 dNTP 与模板链碱基互补时，DNA 聚合酶将碱基结合到延伸链上，释放出焦磷酸和氢离子。焦磷酸在 ATP 硫酸化酶的催化下转化成 ATP。ATP 促使荧光素发出光信号。通过对光信号的捕获、转化和记录，获得待测 DNA 的碱基序列。

2）Illumina 测序技术：Illumina 公司推出 HiSeq 和 MiSeq 测序平台，利用 Solexa 技术实现，其基本原理是单分子簇边合成边测序和 dNTP 可逆终止化学反应（Quail et al.，2008）。首先将基因组 DNA 打断成小片段的 DNA，将其接上接头，变成单链状态并固定到芯片上。通过桥式 PCR，这些小片段的单分子 DNA 扩增成上千拷贝的单分子簇。在扩增达到测序反应所需的信号强度模板量之后，向反应体系添加四种荧光标记的染料，边合成边测序。在每个循环中，荧光标记 dNTP 是可逆终止子，只允许掺入单个碱基带有特异荧光的碱基。在合成过程中，每个碱基的引入都会释放出焦磷酸。由于这些 dNTP 3′-羟基被化学基团保护，因此每次反应只能添加 1 个 dNTP。洗去本次反应添加物后，用不同荧光标记的不同碱基可激发产生不同颜色的荧光，记录荧光信号，转化并得到模板 DNA 片段的序列。通过 dNTP 可逆终止的特性，依次添加各种 dNTP，最终完成对 DNA 的测序。

3）SOLiD 测序技术：该技术平台主要以四色标记的寡核苷酸的连续合成为基础，对单拷贝 DNA 片段进行大规模的扩增和高通量的并行测序。SOLiD 测序方法与前两种技术有类似之处，首先 DNA 破碎成小片段，然后将其与通用接头连接，置于乳液体系里进行大量的扩增，使大量单分子多拷贝的 DNA 分子簇固定于微小的磁珠上，将经过扩增的富含测序文库的磁珠固定于玻片的表面进行测序生化反应。SOLiD 技术连接反应的底物是八碱基单链荧光探针混合物。在扩增系统中，这些探针按照碱基互补规则与单链 DNA 模板进行配对，探针的 5′端可分别标记四种荧光染料，3′端 1～5 位为随机碱基，其中 1～2 位构成的碱基对是表征探针染料类型的编码区。"双碱基矫正"是 SOLiD 技术平台的一大特点，即每个碱基被重复阅读 2 次，大大提高了 SOLiD 系统原始碱基数据的准确度。由于每个磁珠上单链 DNA 模板是相同的，因此每次连接反应后产生相应的荧光信号，而起始位点的碱基是已知的，因此可以根据双碱基校正原则，利用不同的荧光信号来推断碱基序列。该双碱基编码还能在软件分析时对测序错误进行校正，最后能够解码形成完整的原始序列。

### 3. 第三代测序技术

第二代测序技术日渐成熟，被广泛地运用到微生物群落结构及其多样性研究中。2008 年，第三代测序技术逐渐浮出水面，如 Helicos Bioscience 公司的单分子测序（single molecule sequencing，SMS）技术、Pacific Biosciences 公司的单分子实时（single molecule real-time，SMRT）测序技术和 Oxford Nanopore 公司的纳米孔单分子测序技术等。第三代测序技术主要采用单分子测序，具有更快的数据读取速度，读长普遍增长，运行时间大大缩短，且测序过程无需 PCR 扩增。虽然目前市场上多以第二代测序技术为主（Illumina 公司的 HiSeq 和 MiSeq 测序平台），但是我们预测在未来几十年里，随着第三代测序技术的成熟，其会逐渐取代第二代测序技术，占据市场核心地位。因此我们对目前较主流的第三代测序技术进行详细介绍。

1）Helicos Bioscience 公司的 SMS 技术：SMS 技术是作用于 DNA 单链，因此在该测序开始前，需要先对双链 DNA 样品进行裂解和变性。在 DNA 单链 3′端多聚腺苷酸化加上 poly(A)尾，另一端腺苷酸用 Cy5 荧光染料标记。同时要在末端进行阻断，防止其在测序过程中延伸（图 5.1A～F）。然后与带有 poly(T)尾的寡聚核苷酸共价结合在玻璃盖片上，其作用是捕获模板，并作为延伸时的引物。这些玻璃盖片被随机放在流动槽里，当二者结合后，电荷耦合器件（charge coupled device，CCD）相机记录杂交模板所处的位置，建立边合成边测序位点，同时解除 Cy5 荧光标记（图 5.1 中的位点 1、2 和 3）。接下来该模板与 DNA 聚合酶和荧光标记的一种碱基相混合，反应完成后洗脱掉未反应的 dNTP 及 DNA 聚合酶，最后通过 CCD 相机在激光作用下读取碱基位置信息（图 5.1G～

N）。使用化学试剂去除荧光标记，加入下一种碱基及 DNA 聚合酶，新的碱基可被结合，进行下一轮反应。经过重复合成、洗脱、成像、淬灭过程完成测序，确定 DNA 链序列（图 5.1 中表格）（Harris et al.，2008）。

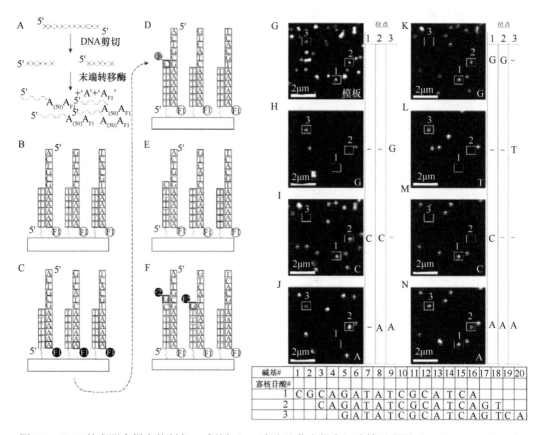

图 5.1　SMS 技术测序样本的制备、碱基加入、清洗及荧光位点切除等示意图（Harris et al.，2008）

2）Pacific Biosciences 公司的 SMRT 测序技术：SMRT 测序技术是 Pacific Biosciences 公司的新 DNA 测序技术，其核心在于零模波导（zero-mode waveguide，ZMW）技术（Munroe and Harris，2010），而且该技术已被应用广泛。该技术实质是：一些直径为 100nm、厚度为 70nm 的微小纳米孔刚好可容纳一个 DNA 聚合酶分子，因此可以在空孔中观察到 DNA 链合成的全过程（图 5.2A）。由于成千上万个纳米孔中的 DNA 链同时发生反应，因此我们可重复观察到此现象。DNA 聚合酶附着在 ZMW 孔的底部，身上携带有不同荧光标记的脱氧核苷三磷酸（dNTP）。聚合酶以单个 DNA 分子为模板，当 DNA 聚合酶读取模板结合不同的 dNTP 时就会发出不同颜色的荧光信号。根据发射的不同波长的荧光基团，可以识别延伸的碱基种类，之后经过信息处理可测定 DNA 模板序列。当反应完成后，荧光标记被聚合酶裂解而弥散到孔外，由此完成测序工作（图 5.2B）。SMRT 测序的零模波导技术去除了单分子测序过程中的背景噪声，使得单分子测序技术水平得到很大提高。

3）Oxford Nanopore 公司的纳米孔单分子技术：纳米孔单分子技术采用的是"边解链边测序"的方法，而不是以往的"边合成边测序"的方法（Munroe and Harris，2010）。

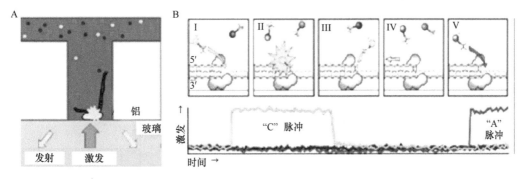

图 5.2　SMRT 测序技术

这种技术最主要的核心原理是单个碱基或者 DNA 分子通过纳米孔通道时，会引起通道电学性质的改变，因此可以检测不同碱基。此测序平台的核心是核酸外切酶与 α-溶血素纳米孔相耦合。纳米孔外层是脂质双分子层，在其两端各有一对电极（图 5.3A）。脂质双分子层两侧的盐浓度不同，这主要是为了保证外切酶保持活性。外切酶被共价结合在纳米孔的入口处，当单链 DNA 模板通过纳米孔时，外切酶会"捕捉"到 DNA 分子并将碱基剪切下来，使其依次单个通过纳米孔（图 5.3B）。四种碱基化学性质的差异会导致它们穿越纳米孔时引起的电学参数的变化量不同，对这些变化进行检测，从而得到 DNA 链的序列。这些已被检测过的碱基被很快清除，因此不会出现重复测序现象。相对于其他测序技术，纳米孔单分子技术对样本处理更加简单，无需 DNA 聚合酶或者连接酶，也无需 dNTP，因此其测序成本十分低廉，比其他测序技术更有可能实现 1000 美元基因组目标。控制碱基穿越纳米孔的速度是纳米孔单分子技术的关键之处。纳米孔长度仅为 5nm，因此使碱基穿越速度保持在可被识别的范围内是目前需要解决的难题。已有研究证实采用环糊精配接器与 α-溶血素纳米孔共价结合可有效降低碱基通过速率。2012 年 Oxford Nanopore 公司宣布两款基于纳米孔单分子技术的测序平台，但目前几乎没有这两种测序平台完成全基因组测序等相关应用的报道，因此该技术实际应用的性能还未知。在未来的研究中，该技术需要进一步提升，以提高纳米孔穿越碱基的通量和准确率，相信这种纳米孔单分子技术在未来市场上能够成为一种核心技术。

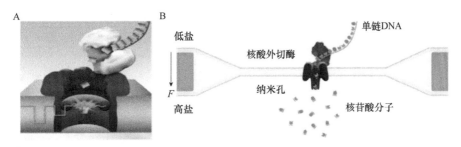

图 5.3　纳米孔单分子测序技术（Munroe and Harris，2010；Schadt et al.，2010）
F 是 Force，力量

　　上述介绍了过去或者目前市场较为流行的测序平台和方法，我们也对第二代和第三代测序技术进行了比较（表 5.1）。日后我们可根据自身的样品情况选择合适的测序平台

表 5.1 常见高通量测序平台特性比较

| 测序技术 | 测序平台 | 测序原理 | 读长 (bp) | 测序通量 (Gb/run) | 运行时间 | 优势 | 劣势 |
|---|---|---|---|---|---|---|---|
| 第二代测序 | 454/ (Roche) | 焦磷酸测序 | 700~800 | 0.7 | 23h | 读长长 | 试剂费用高，错误率高 |
| | HiSeq 2000/2500 (Illumina) | 可逆性终端终结 | 2×100 | 600（常规）或 120（快速） | 11天（常规）或2天（快速） | 成本效益高，通量大 | 运行时间长，读长短 |
| | MiSeq (Illumina) | 可逆性终端终结 | 2×150 | 1.5 | 27h | 成本效益高，运行时间短 | 读长短 |
| | SOLiD | 连接测序法 | 75+35 | 150 | 8天 | 错误率低，通量大 | 读长短，运行时间长 |
| 第三代测序 | Helicos BioSciences | 单分子测序 | 30~35 | 21~28 | 8天 | 可逆行二次测序 | 错误率高 |
| | SMRT (Pacific Biosciences) | 实时单分子测序 | 100 000 | 3 | 30min 至 6h | 样品准备简单，读长长，测序时间短，试剂费用低 | 错误率高，费用高，DNA 聚合酶结合难 |
| | 纳米孔单分子 | 纳米孔单分子测序 | 高达 1 000 000 | 30× | | 通量高，样品制备单日便宜，直接测序 RNA | 存在随机错误，且错误率高 |

进行测序，获取微生物群落结构和多样性信息，并结合微生物功能进行研究。

当我们利用各种测序平台进行微生物群落结构和多样性测定时，对数据标准化处理后即可进行分析。最常见的微生物群落分析主要包括物种多样性、系统发育和环境因子分析等。物种多样性包括 α 多样性和 β 多样性。α 多样性主要关注一个群落内的物种数，可以用丰富度（richness）、Chao1 值、辛普森多样性指数（Simpson's diversity index）、香农-维纳多样性指数（Shannon-Wiener's diversity index）和均匀度（evenness）等指数来表征。β 多样性用来表示不同群落间的差异，一般可以用不同的排序方法来区别群落间的差异，如主成分分析（principal component analysis，PCA）、主坐标分析（principal coordinate analysis，PCoA）、典型相关分析（canonical correlation analysis，CCA）、冗余分析（redundancy analysis，RDA）和非度量多维尺度（non-metric multidimensional scaling，NMDS）法等。系统发育树的建立有助于我们理解各种微生物的进化关系，这是一种类似树状分支的图形。构建系统发育树的方法主要有四种：最大似然法、最大简约法、贝叶斯法和溯祖法。当研究环境因子与微生物群落间的关系时，可以利用 α 多样性与环境因子作相关分析或者利用排序图将 β 多样性与环境因子联系起来。以上分析均可用 R 软件完成。

### 5.1.3　实证研究：变性梯度凝胶电泳技术和高通量测序方法

#### 5.1.3.1　变性梯度凝胶电泳技术测定微生物群落

外源无机碳和有机碳的添加对岩溶土壤有机碳矿化过程有重要影响，但是促发土壤有机碳激发效应的微生物机制尚不清楚。研究者对中国西南地区的岩溶土壤进行了持续 100 天的培养实验，包括 4 个处理：对照、添加 $^{14}C$ 标记的秸秆、添加 $^{14}C$ 标记的碳酸钙以及同时添加 $^{14}C$ 标记的秸秆和碳酸钙。利用变性梯度凝胶电泳（DGGE）技术和实时荧光定量 PCR 技术测定土壤微生物群落变化。结果显示添加 $^{14}C$ 标记的秸秆和碳酸钙促进了土壤有机碳的矿化，这表明有机碳和无机碳的添加会影响土壤有机碳的稳定性。单独添加秸秆对土壤细菌多样性没有显著影响，但是同时添加秸秆和碳酸钙会降低土壤细菌和真菌的多样性。在实验培养初期，外源碳添加会显著增加细菌的丰度，但是在实验培养末期，外源碳添加会显著减少细菌的丰度（图 5.4）（Feng et al.，2016）。

#### 5.1.3.2　高通量测序方法测定微生物群落

真菌通过分解作用在北方泥炭地碳固持方面发挥着重要作用。泥炭地土层是一个巨大的碳库，因此气候因子驱动的泥炭地的真菌群落组成和多样性的改变会对此类生态系统的碳排放产生重大影响。研究人员采用 Illumina MiSeq 测序技术对加拿大泥炭地遭受气候变化 18 个月后的真菌群落进行检测。这些气候变化包括温度升高、二氧化碳浓度升高和水位线下降。温度升高是泥炭地土壤不同深度的真菌群落发生改变的主要驱动因子，其中子囊菌门和担子菌门占优势的真菌群落趋于均质。在温度升高 4℃ 条件下，与温度相关的纤维素分解者和担子菌门的菌根真菌占据优势地位。但是温度升高 8℃ 条件下，木质纤维素分解者和子囊菌门的菌根真菌占优势地位（图 5.5 和图 5.6）。随着泥炭地

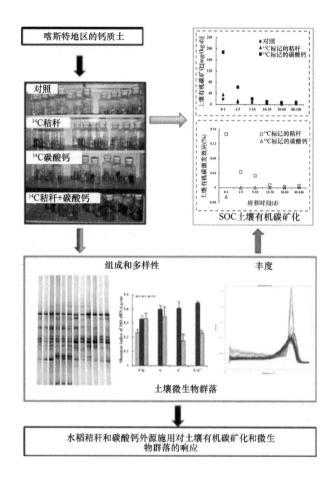

图 5.4 外源添加秸秆和碳酸钙处理下的土壤微生物群落

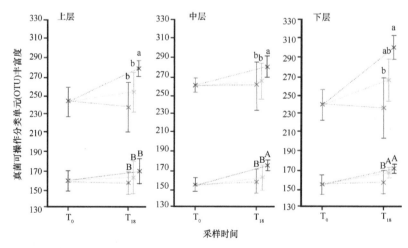

图 5.5 泥炭地土层上层（0～5cm）、中层（10～15cm）和下层（30～35cm）的真菌群落丰富度

在处理开始之前（$T_0$）的真菌丰富度用黑色表示，在 18 个月不同温度梯度处理后（$T_{18}$）真菌丰富度分别用蓝色（不增温）、黄色（增温 4℃）和红色（增温 8℃）表示。图中上方代表子囊菌门，下方代表担子菌门
大写字母代表子囊菌群的变化显著性；小写字母代表担子菌群的变化显著性

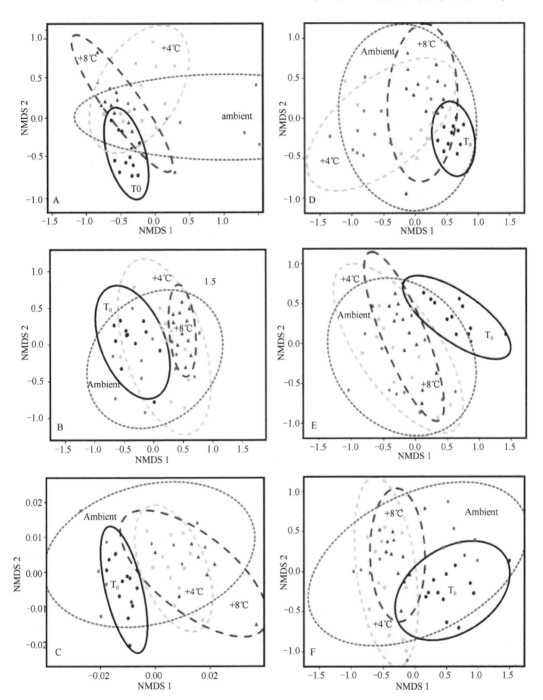

图 5.6　子囊菌门（A～C）和担子菌门（D～F）的非度量多维尺度（NMDS）分析

黑色点表示处理前（$T_0$）真菌群落结构，蓝色点、黄色点和红色点分别表示温度处理（不增温、增温 4℃和增温 8℃）18 个月后（$T_{18}$）的真菌群落结构；Ambient 代表不增温处理

土层深度增加，这些气候变化驱动的真菌群落中难分解物质的分解者丰富度增加，这就意味着将来气候条件的变化会减少加拿大北方泥炭地的碳库存（Asemaninejad et al.，2018）。

# 5.2 土壤微生物中的磷脂脂肪酸

## 5.2.1 磷脂脂肪酸的概念

脂类物质是构成生物细胞膜的主要成分，它在细胞中含量稳定，约占细胞干重的 5%（Lechevalier and Moss，1997）。细胞中包含脂肪酸的脂类物质主要有碳水化合物、脂性醇、磷脂、糖脂和中性脂等。通常，这些脂类物质的组成和含量在同一种微生物中是稳定的，可遗传的（Haack et al.，1994）。磷脂是一类含有磷酸的脂类，土壤微生物中主要含有甘油磷脂（甘油 $C_1$ 和 $C_2$ 羟基被脂肪酸酯化，$C_3$ 羟基被磷酸酯化，磷酸又与一极性醇 X-OH 连接），它是微生物细胞膜上磷脂双分子层的主要组成成分（Paul and Clark，1996）。

磷脂脂肪酸（PLFA）即为甲基化土壤中提取磷脂成分后，得到的脂肪酸产物。它具有属的特异性，不同的微生物能够通过不同生化途径形成不同的 PLFA，部分总是出现在同一类群微生物中，而在其他类型的微生物中很少出现。当微生物死亡时，脂肪酸被迅速代谢，因此，PLFA 主要表征的是活体微生物（如细菌、真菌和放线菌）群落结构。基于以上特性，PLFA 技术被研发并被广泛运用于土壤微生物群落结构的分析中，十分适合微生物群落的动态监测等，并且可以通过脂肪酸组成和含量的差异来鉴定纯培养微生物的种类。

## 5.2.2 PLFA 的命名、分类以及在土壤微生物群落结构分析中的应用

采用 Frostegard 等（1993）的方法，脂肪酸分子式为（i/a/cyc）X：YωZ（c/t），分子式中的 X 表示主碳链中所有碳原子个数，Y 表示不饱和烯键的个数，ω表示烯键距羧基的距离，Z 表示磷脂脂肪酸单体中烯键或环丙烷链的位置，i 表示异构甲基支链，a 表示前异构甲基支链，cyc 表示环丙基，后缀 c 表示顺式同分异构体，t 表示反式同分异构体。可以通过谱图中不同磷脂脂肪酸的种类和含量来分析微生物的种类和生物量，不同微生物相对应的磷脂脂肪酸标记见表 5.2（Hill et al.，2000）。脂肪酸 18：2ω6 与细菌 PLFA 的比值被用来指示土壤中真菌与细菌生物量的比率（Frostegard and Baath，1996）。革兰氏阳性菌的含量可用 i14：0、i15：0、a15：0、i16：0、10Me16：0、10Me17：0、i17：0、a17：0、10Me18：0 和 18：1ω9 的总量来估算，主要是含有多种分支的脂肪酸（Me 表示甲基支链），革兰氏阴性菌的含量可用 16：1ω5、16：1ω7t、16：1ω9、cy17：0、18：1ω5、18：1ω7、cy19：0 的总量来估算。外界胁迫越大，微生物就越能够合成更多的单不饱和脂肪酸，通常来说，t 与 c 的比值，16：1ω9 脂肪酸被用来作为微生物群落外界胁迫如毒性、污染、氧压的指示性脂肪酸（Guckert et al.，1985）。饥饿等环境胁迫能够增加细菌中脂肪酸 16：1ω7 等的含量。环丙烷脂肪酸（cy17：0 和 cy19：0）与其前体脂肪酸（16：1ω7c 和 18：1ω7c）的比率在某些细菌的延长生长期以及低碳含量、低氧含量、低 pH 和高温时较高，该比率的增加可能只表示微生物受到生理学胁迫，而不是微生物种类发生了变化（Ratledge and Wilkinson，1998）。

表 5.2　常见的用于指示土壤微生物群落的脂肪酸

| 微生物 | 对应的脂肪酸 |
| --- | --- |
| 常见细菌 | 包括与甘油相连的饱和或不饱和脂肪酸如 i15：0、a15：0、15：0、16：0、i16：0、16：1ω5、16：1ω9、16：1ω7t、i17：0、a17：0、17：0、cy17：0、18：1ω7、18：1ω7t、18：1ω5、i19：0、a19：0 和 cy19：0 等 |
| 需氧菌 | 16：1ω7、16：1ω7t、18：1ω7t |
| 厌氧菌 | cy17：0、cy19：0 |
| 硫酸盐还原菌 | 10Me16：0、i17：1ω7、17：1ω6 |
| 甲烷氧化细菌 | 16：1ω8c、16：1ω8t、16：1ω5c、18：1ω8c、18：1ω8t、18：1ω6c |
| 嗜压/嗜冷细菌 | 20：5、22：6 |
| 蓝细菌 | 包括多不饱和脂肪酸如 18：2ω6 |
| 原生动物 | 20：3ω6、20：4ω6 |
| 真菌 | 18：1ω9、18：2ω6、18：3ω6、18：3ω3 |
| 放线菌 | 10Me16：0、10Me17：0、10Me18：0 |
| 微藻类 | 16：3ω3 |
| 黄杆菌 | i17：1ω7 |
| 芽孢杆菌 | 各种支链脂肪酸 |

## 5.2.3　PLFA 的提取方法

### 5.2.3.1　提取

1）试剂：0.15mol/L 柠檬酸缓冲液（31.52g 一水合柠檬酸溶解于 1L 去离子水中，用 NaOH 调 pH 到 4.0）；Bligh-Dyer 土壤提取液[氯仿：甲醇：柠檬酸缓冲液=1：2：0.8（体积比）]。

2）具体步骤：取 5.0～10.0g 鲜土，冷冻干燥后置于 50ml 特氟龙管中，加入 15ml Bligh-Dyer 土壤提取液；超声 30min，振荡 30min（180r/min），离心 10min（3800r/min）；用倾倒法将上清液转移至 50ml 干净的玻璃管中（试管需提前用锡纸包好）；再取 10ml Bligh-Dyer 土壤提取液于特氟龙管中，超声 20min，振荡 10min，3800r/min 离心 10min，用倾倒法将上清液转移至试管中（两次上清液混合）；在上清液混合的试管中加 4ml 柠檬酸缓冲液和 4ml 氯仿，涡旋振荡至溶液呈白色浑浊状（约 10s）；锡纸封口，于 4℃冰箱中静置过夜；用长滴管吸出下层液体至 10ml 螺口管中，用<37℃水浴氮吹干，−20℃冰箱保存待过柱。

### 5.2.3.2　过柱纯化

1）硅胶柱准备：在硅胶柱上加入 0.5g 无水硫酸钠；先后用 2ml 甲醇、丙酮和氯仿润洗硅胶柱，稍微静置待洗液完全滤干；加入 2ml 氯仿，并且让氯仿流下（从此处开始要注意不能让硅胶柱变干）。

2）样品过柱纯化：加入 1ml 氯仿至螺口管中重新溶解氮吹后的样品（注意使壁上的残留物也完全溶于氯仿，若出现絮状不溶物，则需加入 0.5ml 甲醇，用氮吹干后继续上步，直至加入甲醇无不溶物出现）；将溶解后的样品用长滴管加到硅胶柱中；加入 4ml 氯仿（2ml×2 次）将中性脂质洗脱（先加入螺口管，继而转移至硅胶柱）；用 12ml 丙酮（2ml×6 次）将糖脂洗脱（先加入螺口管，继而转移至硅胶柱）；换干净的螺口管，以接受产物；加入 8ml 甲醇（2ml×4 次）将磷脂洗脱；用 37℃水浴氮吹去有机溶剂，加入 200μl 内标溶液（60μg/ml 的内标样十九烷酸 $C_{19:0}$，溶于甲醇），再次氮吹干燥；产物置于−20℃冷冻保存。

### 5.2.3.3　甲基化

1）试剂：试剂 a，体积比 1∶1 的甲苯（分析纯）和甲醇（色谱纯）；试剂 b，0.2mol/L 的 KOH（0.56g KOH 溶于 50ml 色谱纯的甲醇中）（当天配用）；试剂 c，1mol/L 乙酸溶液（59ml 冰醋酸用水定容至 1L）；试剂 d，正己烷和氯仿（体积比 4∶1）（色谱纯）。

2）具体步骤：加入 1ml 试剂 a 将样品溶解；加入 1ml 试剂 b 将脂肪水解；涡旋混匀后置于 37℃培养 30min；加入 0.25ml 试剂 c 用以调节 pH 和终止反应；加入 5ml 试剂 d，混匀后再加入 3ml 去离子水；超声 30min，冷藏（4℃）过夜。

### 5.2.3.4　清洗

1）试剂：0.3mol/L 氢氧化钠。

2）静置过夜后，使用长滴管吸取上清液于干净螺口管中；加入 3ml 0.3mol/L NaOH 溶液，混匀后静置片刻待其分层；用长滴管吸取上层液到干净螺口管中；20～25℃条件下用氮将其吹干，−20℃保存。

### 5.2.3.5　上机

用 2×100μl 的正己烷（色谱纯，HPLC）溶解螺口管中的待测样品，转移到内插管中，测定，形成的图谱如图 5.7 所示。用于分析的仪器通常有气相色谱结合火焰离子化检测仪（gas chromatography-flame ionization detector，GC-FID）、高效液相色谱仪和气相色谱-质谱联用仪（GC-MS）等。在这些仪器上面安装一个系统软件库可直接用于脂肪酸组分的辨认。

PLFA 的总量和单个 PLFA 的量可以依据加入内标的摩尔量来进行计算。PLFA 绝对含量 $C$（nmol/g）计算公式为：$C=A_i m_s/(A_s \cdot m)$，通过此公式我们可以准确计算各单体含量，公式中的 $m$ 为所称取土壤样品干质量，$m_s$ 为实验中添加内标的质量，$A_i$ 为通过微生物鉴定系统输出的第 $i$ 种 PLFA 组分数值（即谱图中指示该单体的峰面积），$A_s$ 为输出所测添加内标 $C_{19:0}$ 组分的数值。

## 5.2.4　PLFA 的优缺点

PLFA 生物标记法可定性、可定量地动态检测土壤中微生物群落组成的变化。相对于传统的微生物学分析方法来讲，磷脂脂肪酸分析技术是一种不需要通过分离和培养的技术，它能更全面地揭示土壤中微生物的生物量和生态结构，并且可以减少分离和培养

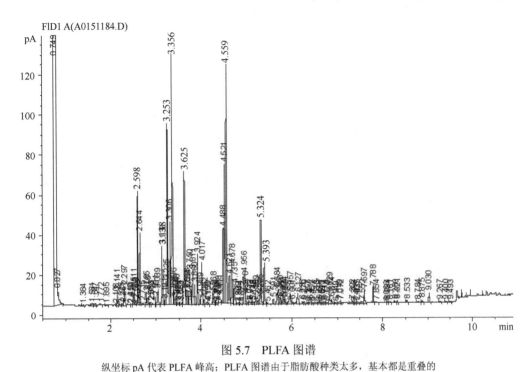

图 5.7　PLFA 图谱

纵坐标 pA 代表 PLFA 峰高；PLFA 图谱由于脂肪酸种类太多，基本都是重叠的

过程中的人为误差，是一种更为快速、简便、精确的微生物分析方法（吴愉萍，2009）。同时 PLFA 主要表征的是活体微生物群落结构，更能表征土壤的活性微生物组分和群落组成。

由于技术和现在认知的局限性，利用磷脂脂肪酸方法测定土壤中的微生物还有一些缺点。首先，对土壤中各菌群所有的特征 PLFA 还不完全清楚，并不知道土壤中所有微生物的特征脂肪酸，所以有时候我们对土壤中所测得的一些 PLFA 无法进行分类，这就会导致在一些菌群含量上有一些误差，甚至还不能辨别一些菌种；其次，土壤中各菌群包括真菌和细菌会有大量的指示 PLFA 种类，但这些指示菌群的 PLFA 种类会因环境的影响而发生变化，进而导致菌群结构发生变化（Hill et al.，2000）；再次，该分析方法在很大程度上依赖于标记脂肪酸来确定土壤微生物群落结构，因而标记上的变动将导致群落估算上的偏差；此外，在测定时，所测土样中很难避免混入一些根系或者其他的植物残体，在测定时这些也很容易被计算在菌群含量中；最后，在测定前，取样时如何保存土样，以及带回实验室后如何存储土样，这些都可能影响测定结果。

### 5.2.5　实证研究：PLFA 测定方法

#### 5.2.5.1　实证研究一

通过对贵州茂兰喀斯特森林阳坡和阴坡凋落物的分解特征及土壤微生物进行 1 年的野外调查和测定，探讨凋落物分解规律及其对土壤微生物群落的影响。凋落物的分解是由微生物主导的生物化学过程。凋落物营养元素含量、自身理化性质的差异，对微生物数量及群落结构具有选择作用，反之，微生物的群落组成也会决定凋落物的分解速率和养分循环。通过 PLFA 法的定量研究发现，无论是在阴坡还是阳坡，茂兰喀斯特原生林土壤微生物总 PLFA 在凋落物分解期间整体上显著高于凋落物分解前，且在分解 180 天及 360 天的含量显著高于分解 90 天和 270 天，表明凋落物的加入为土壤微生物提供了丰富的能量来源，提高了其活性，使 PLFA 含量增加（图 5.8）。分解前，细菌 PLFA 含量为 54.1～63.8nmol/g，真菌含量为 17.9～24.7nmol/g，放线菌含量为 42.1～46.2nmol/g。随着凋落物分解时间的增加，土壤微生物 PLFA 平均含量表现为：细菌（149.8nmol/g）＞放线菌（63.9nmol/g）＞真菌（31.3nmol/g），说明凋落物的分解显著增加了微生物含量，其结构特征变化不显著（龙健等，2019）。

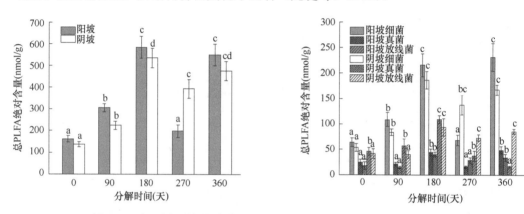

图 5.8 不同分解时间微生物总 PLFA 含量与细菌、真菌和放线菌含量

### 5.2.5.2 实证研究二

越来越多的研究表明微生物在有机碳形成过程中发挥着重要作用，并发现微生物的碳利用效率等生理特性和群落结构的改变可能是重要的影响机制。真菌作为一类重要的微生物，由于更多地分泌氧化酶，在凋落物分解过程中起到重要作用。同时其碳利用效率较高，可能在稳定有机碳形成中也起着至关重要的作用。虽然有很多模型和展望中均提到了这一方面，但很少有实验证实。研究人员通过在人工土壤中每周定期添加葡萄糖、纤维二糖、二甲氧基苯酚和植物残体来源的可溶性有机碳，发现即使最初添加的是化学结构完全不同的物质，经过 15 个月的培养，土壤的化学成分也没有显著差异，说明通过微生物的繁殖-死亡过程留下的残体化学组分相似。此外，该实验验证了微生物残体的化学组分是形成稳定有机碳的重要组成部分，并且运用了 PLFA 的测定手段，验证了微生物的碳利用效率和真菌的丰度是影响有机碳形成的重要因素（Kallenbach et al.，2016）（图 5.9）。

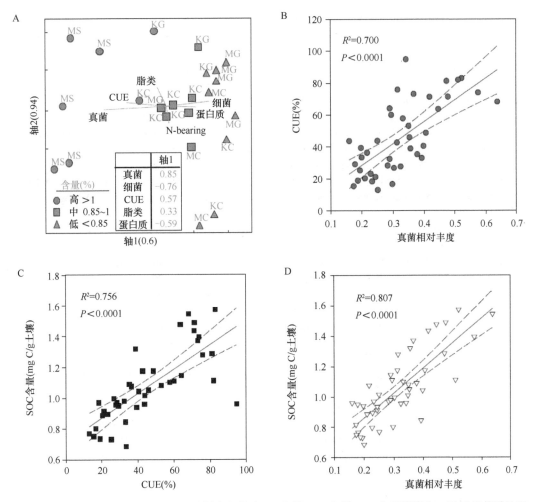

图 5.9　非度量多维尺度（NMDS）分析表征的在 12 个月、15 个月、18 个月糖类和二甲氧基苯酚处理的土壤积累的 SOC 含量（A），第 15 个月取样时真菌相对丰度和微生物碳利用效率（CUE）（B），SOC 含量和 CUE（C），以及真菌相对丰度和 SOC 含量的皮尔逊相关性（D）

N bearing 表示含氮的非蛋白质物质；MS 表示 Montmorillonite + Syringol 蒙脱土+丁香醇；MG 表示 Montmorillonite + Glucose 蒙脱土+葡萄糖；MC 表示 Montmorillonite + Cellobiose 蒙脱土+纤维二糖；KG 表示 Kaolinite + Glucose 高岭土+葡萄糖；KC 表示 Kaolinite + Cellobiose 高岭土+纤维二糖。NMDS 是根据 18 个月培养后的总有机碳含量进行分类（闭合的圆代表高有机碳含量，闭合的方形代表中有机碳含量，闭合的倒三角形代表低有机碳含量）

# 参 考 文 献

龙健, 赵畅, 张明江, 吴劲楠, 吴求生, 黄博聪, 张菊梅. 2019. 不同坡向凋落物分解对土壤微生物群落的影响. 生态学报, 39(8): 59-64.

吴愉萍. 2009. 基于磷脂脂肪酸(PLFA)分析技术的土壤微生物群落结构多样性的研究. 杭州: 浙江大学博士学位论文: 47-54.

Asemaninejad A, Thorn R G, Bran B A, Lindo Z. 2018. Climate change favours specific fungal communities in boreal peatlands. Soil Biology and Biochemistry, 120: 28-36.

Bourrain M, Achouak W, Urbain V, Heulin T. 1999. DNA extraction from activated sludges. Current Microbiology, 38(6): 315-319.

Bürgmann H, Widmer F, Sigler W V, Zeyer J. 2003. mRNA extraction and reverse transcription-PCR protocol for detection of nifH gene expression by *Azotobacter vinelandii* in soil. Applied and Environmental Microbiology, 69(4): 1928-1935.

Chang S J, Puryear J, Cairney J. 1993. A simple and efficient method for isolating RNA from pine trees. Plant Molecular Biology Reporter, 11(2): 113-116.

Felske A, Engelen B, Nübel U, Backhaus H. 1996. Direct ribosome isolation from soil to extract bacterial rRNA for community analysis. Applied and Environmental Microbiology, 62(11): 4162-4167.

Feng S Z, Huang Y, Ge Y H, Su Y R, Xu X W, Wang Y D, He X Y. 2016. Variations in the patterns of soil organic carbon mineralization and microbial communities in response to exogenous application of rice straw and calcium carbonate. Science of the Total Environment, 571: 615-623.

Fleming J T, Yao W H, Sayler G S. 1998. Optimization of differential display of prokaryotic mRNA: application to pure culture and soil microcosms. Applied and Environmental Microbiology, 64(10): 3698-3706.

Frostegard A, Baath E. 1996. The use of phospholipid fatty acid analysis to estimate bacterial and fungal biomass in soil. Biology and Fertility of Soils, 22(1): 59-65.

Frostegard A, Baath E, Tunlid A. 1993. Shifts in the structure of soil microbial communities in limed forests as revealed by PLFA analysis. Soil Biology and Biochemistry, 25: 723-730.

Gabor E M, de Vries E J D, Janssen D B. 2003. Efficient recovery of environmental DNA for expression cloning by indirect extraction methods. FEMS Microbiology Ecology, 44(2): 153-163.

Guckert J B, Antworth C P, Nichols P D, White D C. 1985. Phospholipid, ester-linked fatty acid profiles as reproducible assays for changes in prokaryotic community structure of estuarine sediments. FEMS Microbial Ecology, 31(3): 147-158.

Haack S K, Garchow H, Odelson D A, Forney L J, King M J. 1994. Accuracy, reproducibility, and interpretation of fatty acid methyl ester profiles of model bacterial communities. Applied and Environmental Microbiology, 60(7): 2483-2493.

Harris T D, Buzby P R, Babcock H, Beer E, Bowers J, Braslavsky I, Causey M, Colonell J, Dimeo J, Efcavitch J W, Giladi E, Gill J, Healy J, Jarosz M, Lapen D, Moulton K, Quake S R, Steinmann K, Thayer E, Tyurina A, Ward R, Weiss H, Xie Z. 2008. Single-molecule DNA sequencing of a viral genome. Science, 320(5872): 106-109.

Hill G T, Mitkowski N A, Aldrich-Wolfe L, Emele L R, Jurkonie D D, Ficke A, Maldonado-Ramirez S, Lynch S T, Nelson E B. 2000. Methods for assessing the composition and diversity of soil microbial communities. Applied Soil Ecology, 15(1): 25-36.

Kallenbach C M, Frey S D, Grandy A S. 2016. Direct evidence for microbial-derived soil organic matter formation and its ecophysiological controls. Nature Communications, 7: 13630.

Lamontagne M G, Michel Jr F C, Holden P A, Reddy C A. 2002. Evaluation of extraction and purification methods for obtaining PCR-amplifiable DNA from compost for microbial community analysis. Journal of Microbiological Methods, 49(3): 255-264.

Lechevalier M P, Moss C W. 1997. Lipids in bacterial taxonomy—a taxonomist's view. Critical Reviews in Microbiology, 5(2): 109-210.

Martin-Laurent F, Philippot L, Hallet S, Chaussod R, Germon J C, Soulas G, Catroux G. 2001. DNA extraction from soils: old bias for new microbial diversity analysis methods. Applied and Environmental Microbiology, 67(5): 2354-2359.

Maxam A M, Gilbert W. 1977. A new method for sequencing DNA. Proceedings of the National Academy of Sciences of the United States of America, 74(2): 560-564.

Munroe D J, Harris T J R. 2010. Third-generation sequencing fireworks at Marco Island. Nature Biotechnology, 28(5): 426-428.

Paul E A, Clark F E. 1996. Soil Microbiology and Biochemistry. 2nd ed. London: Academic Press: 35-70.

Quail M A, Kozarewa I, Smith F, Scally A, Stephens P J, Durbin R, Swerdlow H, Turner D J. 2008. A large genome center's improvements to the Illumina sequencing system. Nature Methods, 5(12): 1005-1010.

Ratledge C, Wilkinson S G. 1998. Microbial Lipids. London: Academic Press.

Ronaghi M, Karamohamed S, Pettersson B, Uhle M, Nyren P. 1996. Real-time DNA sequencing using detection of pyrophosphate release. Analytical Biochemistry, 242(1): 84-89.

Schadt E E, Turner S, Kasarskis A. 2010. A window into third-generation sequencing. Human Molecular Genetics, 19(R2): 227-240.

Seo T S, Bai X P, Kim D H, Meng Q L, Shi S D, Ruparel H, Li Z M, Turro N J, Ju Y Y. 2005. Four-color DNA sequencing by synthesis on a chip using photocleavable fluorescent nucleotides. Proceedings of the National Academy of Sciences of the United States of America, 102(17): 5926-5931.

Zhou J, Bruns M A, Tiedje J M. 1996. DNA recovery from soils of diverse composition. Applied and Environmental Microbiology, 62(2): 316-322.

# 第6章　土壤碳的淋溶迁移研究系统

## 6.1　引　言

全球土壤碳储量约为 2500Pg，是陆地生态系统最大的碳库，该储量分别约为大气（780Pg）和陆地植被（560Pg）碳库的 3.3 倍和 4.5 倍（Lal，2003），因此，土壤碳库的微小变化就可能对全球 $CO_2$ 浓度和气候变化产生重要影响。SOC 的矿化和迁移是土壤碳库变化的重要过程，前者在土壤碳的研究领域受到了极为广泛的关注，其相关的研究技术和方法也比较成熟和系统；相对而言，迁移过程的研究非常有限。土壤碳的淋溶流失是基于野外实地监测或室内模拟对区域或景观尺度上溶解态碳的流失进行评估。由于溶解态碳的活性高，它对全球碳循环的影响也尤为突出。本章将以土壤碳淋溶流失这一途径为切入点，重点介绍关于土壤溶解态碳迁移和固定过程的研究技术与方法。

## 6.2　野外监测技术

野外监测技术是通过埋设陶瓷管和渗漏计等设备，在原位长期定位取样，可以方便地研究一定时期内土壤溶液中有机碳的动态变化情况，实际上是一种非破坏性采集土壤溶液的方法。顾名思义，野外监测技术在原位对土壤样品溶液进行采集和分析，能够较大限度地反映实际环境情况，并且可在特定采样点进行连续采样。常用的土壤溶液野外采集和监测方法包括吸杯法（suction-cup method）、渗漏计法（lysimeter method）以及根际土壤溶液采样器法等，本小节将对每种方法的原理、适用条件、优缺点进行详细的介绍。

### 6.2.1　吸杯法

吸杯法是原位土壤溶液采样技术中最为常用的一种方法。Briggs 和 McCall（1904）最早描述了吸杯法采集土壤溶液的原理，即采样时对系统施加一定的负压（通常≤50kPa），当吸杯内的毛管压力小于土壤的毛管压力时，土壤中的水分就会被吸入吸杯，直到两者压力相等为止。吸杯的采样系统通常由三部分组成，包括多孔材料制成的吸杯、采样瓶和抽气容器，几种不同形式的安装方法见图 6.1。吸杯是最重要的组成部分，其材质多种多样，最常见的由陶瓷制成，此外也可由人造刚玉、烧结玻璃、尼龙、聚氯乙烯、聚偏二氟乙烯、聚四氟乙烯、不锈钢等材料制成。

吸杯法既可用来采集重力水也可采集部分毛管水，其优点包括①可在土壤剖面的不同深度长期定位采样监测；②可在任何时期连续取样；③忽略土壤剖面的干扰（Grossmann and Udluft，1991）；④容易安装且拥有大量的实践经验（Weihermüller et al.，2007）。然而，该方法也有一定局限性，即采集到的土壤溶液的代表性问题。土壤的空

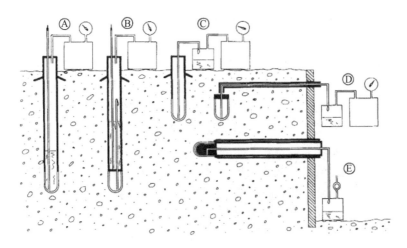

图 6.1 不同安装形式的吸杯法取样系统（Grossmann and Udluft，1991）

间异质性对吸杯取样有重要影响（Weihermüller et al.，2006），因此，使用吸杯法需多点采样才可反映某一土壤溶液的真实情况。此外，土壤中的优先流也会带来取样误差（Jury and Flühler，1992）。在实际应用中吸杯型采样器容易受到吸附效应、溶出效应、过滤效应和排气效应等的影响（Grossmann and Udluft，1991），所以在使用时要尽量避免这些影响，降低实验误差，提高测定结果的准确性。

在首次安装新吸杯前要用稀酸将吸杯洗干净（Litaor，1988），去除生产过程中的残留物，以防污染样品溶液。吸杯多由陶瓷制成，对土壤溶液中的分子或离子具有吸附作用，易导致测定结果偏低。因此，新的吸杯在使用前，需使用与所取样品组分相近的溶液冲洗以达到平衡；或者在安装之后取样之前的稳定阶段用土壤溶液样品冲洗（Grossmann and Udluft，1991）。宋静等（2000）建议在采样前一年安装采样器，以便让采样器的表面和周围的土壤达到平衡；或是采用比表面积小、电荷密度低的材料（如各种塑料）来取代陶瓷和人造刚玉。此外，采样瓶内是有菌环境，在微生物的作用下，采集到的土壤溶液中的 $H^+$、$NH_4^+$、$NO_3^-$、有机碳浓度及氧化还原电位等可能发生改变。因此，作为一种预防措施，取样时间应尽可能缩短，并且样品应该尽快避光低温保存（Grossmann and Udluft，1991）。

### 6.2.2 渗漏计法

渗漏计法是指借助外力（如真空泵抽滤产生的吸力）或土壤水自身重力收集不同深度的渗漏水来测定土壤孔隙水或田间排水中可溶性成分的方法（图 6.2）。渗漏计分为张力渗漏计（tension lysimeter）和零张力渗漏计（zero-tension lysimeter）（Hendershot and Courchesne，1991）。张力渗漏计可以在土壤水不饱和状态下通过真空泵抽吸多孔吸力杯（多孔陶土杯、陶土头、吸力杯、抽吸探针等）产生的负压提取土壤溶液，因此，张力渗漏计收集水溶液的方法又称吸杯法（详见 6.2.1）。零张力渗漏计靠重力作用收集土壤孔隙水，主要用于湿润土壤中。常用的零张力渗漏计技术包括漏斗法、淋溶盘法及原状土柱法等。原状土柱法通常使用 PVC 管、不锈钢、聚乙烯、混凝土等隔离或固定一定

深度或体积的原状土柱，封住底板并在底板中部钻孔引管以收集渗滤液（姜玲玲等，
2018）。原状土柱法可以较好地保持土壤的原始状态，其缺点是取土柱过程中对周围土
壤影响较大，且土柱与框体或容器接触部分存在边际效应。漏斗法是将漏斗放置于一定
深度的土层中，漏斗底部通过导管连接延伸到土层表面，使用注射器连接导管采集溶液。
漏斗渗漏计的安装通常用土壤采集器沿土壤剖面挖直径略大于漏斗直径的小孔，将连接
导管的漏斗放入相应深度后，回填土壤并压实（Corral et al.，2016）。淋溶盘法又称自由
排水式渗漏计法。其原理类似于漏斗渗漏计，该方法不需要固定一定体积的土壤，通过
挖一个可以放置土壤溶液过滤装置的坑，将淋溶盘（多为 PVC 材质）按照一定倾斜率
（如 2.5%）置于相应土层，淋溶盘上部铺一层砾石，淋溶盘最底部放置淋溶液收集瓶，
瓶内通气管和抽液管延伸到地表以上。淋溶盘安装完成后将土壤按照原土层回填（Corral
et al.，2016；姜玲玲等，2018）。回填过程中需注意确保淋溶盘与周围土壤良好接触。
与原状土柱法相比，漏斗法和淋溶盘法可以较好地避免柱体的边际效应。另外，淋溶盘
的采样面积大，能更好地反映土壤溶液的变化规律。然而，漏斗法和淋溶盘法安装设备
时对土壤的扰动较大，需要一定的恢复期。与吸杯法相比，漏斗法、淋溶盘法及原状土
柱法收集渗滤液靠溶液自然（垂直及侧向）流动，不对土壤产生吸力，因此可以更好地
估测不同土层间土壤溶液的总量、变化规律及特征（Litaor，1988）。

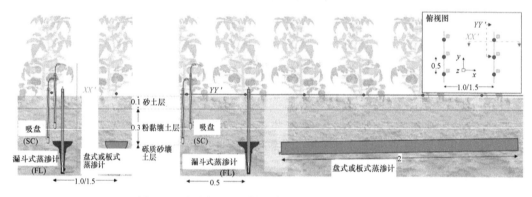

图 6.2　不同渗漏计取样方法（Corral et al.，2016）

### 6.2.3　根际土壤溶液采样器法

根际土壤溶液采样器出现于 20 世纪 90 年代，是利用负压原理的一种微型土壤溶液
采样器，主要由微孔聚酯管、聚氯乙烯（PVC）管和螺旋型外凸式连接器组成（图 6.3）
（吴龙华和骆永明，1999）。该装置的优点是：管径小，抽气部分的长度可变，可最大程
度减少安装时对土壤的扰动；死体积小，吸附脱附效应小，能够快速响应土壤溶液浓度
的变化；测定的时空分辨率高，适用于动态研究溶质运移过程，包括根系分泌小分子物
质、有机质矿化及其他能够引起土壤溶液短期化学变化的土壤过程（宋静等，2000）；
采样器所取的样品已经过微孔聚酯管的过滤，可以直接进行后续分析。然而，由于微型
土壤溶液采样器的孔径小，在使用过程中需要特别注意其对大的可溶性有机物颗粒和金
属络合物存在过滤效应（Spangenberg et al.，1997）。

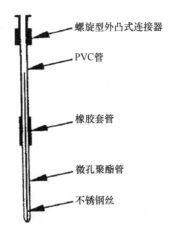

螺旋型外凸式连接器

PVC 管

橡胶套管

微孔聚酯管

不锈钢丝

图 6.3　根际土壤溶液采样器组成结构（吴龙华和骆永明，1999）

## 6.3　室内模拟技术

原位监测技术指在土壤原来所处的位置上或基本上在原位状态下对某一生态过程进行测试的研究方法，该技术能够反映自然环境中土壤碳的源和汇特征，但是由于实地环境复杂多样，该技术在机制探讨方面存在一定的不足。室内模拟技术，也称为小型或中型实验生态系统技术，指通过模拟一定实验条件，探寻某一生态过程在该实验条件下的反应以及根据此类观察结果进行推论的研究方法。室内模拟技术是开展科学研究和实验的一项基本技术，是连接自然现象和科学理论最重要的桥梁（Vidican and Sandor，2015）。在 SOC 迁移与固定领域，室内模拟实验主要以过筛土或原状土为研究对象，通过控制培养条件（如温度、水分、营养程度等），并分析培养过程中各项指标（如呼吸速率、微生物生物量、有机碳含量和质量等）的变化，来衡量环境条件变化对 SOC 迁移与固定的影响。通常而言，土壤室内模拟实验主要在培养瓶或有机玻璃柱中开展，两者都得到较好的应用。前者将过筛混匀的土样置于密封瓶内培养，观测培养过程中呼吸和有机质组分的变化，该方法的主要问题是未考虑土壤深度及随深度变化而变化的溶解氧、有机质特性的影响。原状土柱法则可以较好地克服培养瓶的不足，更好地解析有机碳在土壤中的垂直迁移和固定规律，它的主要缺陷在于野外土壤本身异质性导致的实验结果的不确定性。通过对土柱培养法进行改进和完善，不仅可以研究 SOC 垂直迁移规律，还可以将不同区域的土壤同时进行测定比较。

### 6.3.1　室内人工土柱的设计和建立

利用土柱法研究 SOC 迁移和固定过程主要包括土样采集、土柱建立、土柱培养、样品采集和分析四个步骤。取样时，首先去除土壤表层的枯枝落叶。为减少土壤样品的异质性，在每一个采样站位设置三个采样点（间隔＞500m），每一个采样点再分别取三个样品（间隔＞5m）进行混合。用土钻获取不同深度的土壤样品，采样深度一般要求达到母质或潜水处即可，随后将同一采样点同一层次的三个土壤样品混合均匀，装入样品袋。样品保存于 4℃冰箱内，并于一周内建立土柱。进行土柱建立前，首先定制有机玻璃柱，柱子高度由所采集土壤深度确定。柱子底端留出水孔，方便土壤淋溶液的采集，玻璃柱顶端设置不漏气的顶盖，并配有两个出气口，方便气体的交换。在进行实验之前，首先将有机玻璃柱放在稀盐酸（0.1mmol/L）中浸泡 12h，用蒸馏水洗至中性、晾干。在玻璃柱的底端铺上一层尼龙网，尼龙网上铺一层 5cm 厚的石英砂。石英砂先用稀盐酸（0.1mmol/L）浸泡 12h 去除无机碳，用蒸馏水洗至中性，放至马弗炉中灼烧（450℃）6h 后冷却。石英砂上再铺一层尼龙网，以防止土壤颗粒迁移。在此之上，分别将野外采集的不同层次的过筛土（<2mm）由深到浅依次填入有机玻璃柱。填装土柱时，采取将土柱中土壤压实的方式避免因土质疏松而造成优先流，并将土壤容重尽量调至和野外一致。建立好土柱后，将土壤实际含水率调至 60%土壤最大持水量（maximum water-holding capacity），以创造微生物生长最适环境（Rey et al.，2005）；并放置于恒温环境中，预培养 7 天，以恢复土壤环境。预培养结束，根据实验设计，调节培养条件（如培养温度、营养元素、水分条件、外源碳等），通过测定特定时间间隔内呼吸产生的二氧化碳（$CO_2$）浓度分析土壤呼吸。根据研究区域降水情况，配制人工雨水，在实验室内模拟降水，收集淋溶液。

### 6.3.2 样品采集和分析

采用人工土柱法研究土壤碳迁移和固定过程中，需要对土壤理化性质、淋溶液中碳的含量和组成、土壤呼吸强度等指标进行监测和综合分析，以揭示土壤碳的迁移规律。具体分析和测定技术如下。

#### 6.3.2.1 土壤样品的采集和分析

室内培养前后，分别采集各个深度（以 10cm 为间隔）的土壤样品，混合均匀，风干或冻干处理后用于理化性质测定。SOC 含量是土壤经过酸熏去除无机碳后，使用元素分析仪测定。土壤总碳和总氮含量利用元素分析仪测定，土壤无机碳则是通过土壤总碳含量减去土壤无机碳含量计算。土壤质地即黏粒、粉粒和砂粒的组成，可除去有机碳和碳酸钙后使用 Malvern Mastersizer 2000 激光粒度仪分析。pH 是将土壤与去离子水以 1∶2.5 的比例混合、振荡之后，用 pH 计测定。

#### 6.3.2.2 淋溶液的采集和分析

每次模拟降水后，常压条件下从土柱底部收集淋溶液，记录淋溶液体积。淋溶液使用 0.45μm 针式过滤器立即过滤，过滤后的样品分装在 450℃灼烧过（4h）的玻璃瓶中，用于测定无机碳的淋溶液样品需要保证分装过程中没有混入气泡，样品瓶没有顶空，并添加氯化汞抑制微生物生长，以此保证溶解性无机碳（dissolved inorganic carbon，DIC）在保存过程中的稳定性。淋溶液进行各指标测定前，应先混匀。淋溶液的溶解性有机碳（dissolved organic carbon，DOC）、DIC 和有机氮使用总有机碳/总氮分析仪（Multi N/C 3100-TOC/TN）测定。DOC 和 DIC 的同位素采用稳定同位素质谱仪（Deltaplus XP；Thermo

公司，德国）测定。基于淋溶液 DOC 和 DIC 浓度，结合淋溶液体积，可计算区域淋溶流失通量。

### 6.3.2.3　土壤呼吸的监测和分析

每次模拟降水后，将柱体各部分密封，用经饱和 NaOH 溶液吸收后的气体冲刷柱子 1h 以去除本底 $CO_2$，随后密闭培养 0.5～4h，用注射器收集土柱顶空的气体。气体中二氧化碳的含量和同位素特征使用气相色谱结合火焰离子化检测仪（GC-FID）和稳定同位素质谱仪分别进行测定。根据土柱的直径，计算土柱的面积；结合土壤呼吸二氧化碳浓度、土柱顶空体积，可计算区域土壤呼吸通量。通过比较淋溶液中碳的流失通量与呼吸损失通量，可研究土壤碳流失的主要途径。

## 6.4　实　证　研　究

### 6.4.1　实证研究一：吸杯法研究不同土地利用方式下土壤溶解性碳的淋溶

净生态系统碳平衡的准确评估对理解全球气候变化和制定减排增汇策略具有重要作用（Chapin et al.，2006）。土壤中 DIC 和 DOC 的淋溶是净生态系统碳平衡评估的重要过程之一（Siemens，2003），有研究表明陆地生态系统碳淋溶随着土地利用方式的变化而变化（Brye et al.，2001；Parfitt et al.，1997；Vinther et al.，2006）。然而，不同土地利用系统中碳淋溶损失的研究非常有限，其对净生态系统碳平衡的贡献存在很大不确定性。本小节以 Kindler 等（2011）开展的不同土地利用方式下土壤中溶解性碳淋溶的研究为例，探讨吸杯法在原位采集土壤溶液中的应用。该研究选取了欧洲 5 个森林、4 个草地和 3 个农田开展研究，分析 DOC、DIC 及溶解性甲烷的淋溶。在上述不同土地利用方式的土壤中分别用 20 个孔径大小小于 1μm 的玻璃吸杯采集土壤溶液，8 个聚四氟乙烯吸杯收集土壤气体。探针分成两组，分别用于取溶液（10 个）和取气（4 个），采集不同处理[如拉克耶（Laqueuille）样点，密集和大规模的放牧]或不同位点（如 Easter Bush 样点，坡上和谷底）的样品。由于样品是在不同的时间点收集的，因此数据都来自于取样器安装至少四周后收集的样品。除了由于降雪无法到达采样点或是土壤处于冰冻状态之外，每两周采样一次。夏季和冬季的碳通量分别单独计算。DIC 中生物来源的贡献通过其 $\delta^{13}C$ 值来估计。

研究发现，生物来源的 DIC 淋溶量在森林、草地和农田中分别是（8.3±4.9）g/(m²·a)、（24.1±7.2）g/(m²·a)和（14.6±4.8）g/(m²·a)。DOC 淋溶量在森林、草地和农田中分别是（3.5±1.3）g/(m²·a)、（5.3±2.0）g/(m²·a)和（4.1±1.3）g/(m²·a)。所有土地利用系统中总的生物来源碳的平均通量是（19.4±4.0）g/(m²·a)。DOC 的产生在表层土中和 C/N 正相关，而底层土中 DOC 的驻留和有机碳与铁铝氧化物的比值负相关。土壤空气中 $CO_2$ 的分压和土壤 pH 决定着 DIC 的浓度和通量，但是相比于土壤空气 $CO_2$，土壤溶液中的 DIC 通常是过饱和的。草地中淋溶损失掉的生物来源的碳（DOC 和生物来源的 DIC）相当于生态系统净交换（NEE）量加上施肥输入的碳减去收割移除的碳总量的 5%～98%（中位数为 22%）。碳淋溶增加了农田土中净损失的 24%～105%（中位数为 25%）。对于大多数森林样点来说，由于在酸性森林土壤溶液中 $CO_2$ 的溶解性很低，NEE 较大，淋溶几乎没有影响实际净生态系统碳平衡。和其他碳的通量相比，$CH_4$ 的淋溶不显著。总而言之，该研究表明淋溶损失对于农田系统的碳平衡尤其重要；吸杯法是原位采集土壤溶液的有效方法。

### 6.4.2 实证研究二：室内人工土柱法研究极端降雨对草地土壤碳淋溶流失的影响

土壤呼吸引起的 $CO_2$ 释放和淋溶导致的土壤碳流失是草地土壤碳损失的两个重要渠道。然而，目前已有的研究大多关注前者，对后者的通量和机制研究较少。在全球变化的背景下，极端降水事件发生频率的大幅上升（Knapp et al.，2002；Reichstein et al.，2013）会加剧草地土壤碳库，特别是土壤无机碳（soil inorganic carbon，SIC）库的淋溶流失，并影响土壤的呼吸作用（Harper et al.，2005；Morel et al.，2009；Unger et al.，2010）。因此，本小节以草地土壤碳淋溶流失的研究论文为例，探讨室内模拟技术（土柱培养实验）在该草地土壤研究中的应用。该研究选取了内蒙古-青藏高原上三个具有不同降水和温度特征的典型温带（锡林浩特和克什克腾旗）及高寒（刚察）草地土壤开展研究。在上述土壤采集、土柱建立和预培养方法基础上建立土柱（图 6.4），设置实验和对照组，每组 3 个重复。在实验组，每根柱子的土壤表层放置凋落物，其中锡林浩特和克什克腾旗土柱每根添加 1.26g 糙隐子草（$C_4$ 植物），刚察土柱每根添加 1.59g 糙隐子草（根据刚察实测地上生物量添加）。此后，分别喷洒 5～10ml 的表层土壤浸出液（水土比 2.5：1），以促进微生物的生长和凋落物的降解。另外，根据三个研究区域的多年降水特征，每隔 20 天左右模拟一次极端降水（1000ml/次，降雨量 127mm/次），共进行三次降水过程。每次极端降水后，收集土壤淋溶液（共 3～4h），持续测定每日土壤呼吸直至日均呼吸速率稳定。

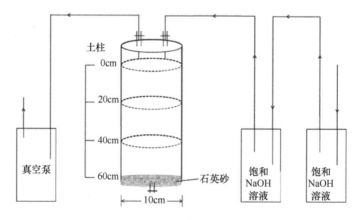

图 6.4 土柱培养实验示意图（Liu et al.，2018）

箭头代表空气流动的方向

通过该研究的土柱培养实验发现在青藏高原刚察、内蒙古锡林浩特、内蒙古克什克腾旗三个研究站点中，极端降水引起的土壤碳淋溶的流失通量分别为 10.1g C/m$^2$、25.3g C/m$^2$、10.4g C/m$^2$（图 6.5），分别占到相应生态系统净固碳量（NEP）的 15%、290%、120%，远远高于各个站点土壤碳的呼吸损失比例（分别为 NEP 的 7%、32%、72%）；并且碳淋溶流失形态以 DIC（包括生物来源和岩石风化来源无机碳）为主。此外，对于 pH 高的土壤，由于有机碳降解产生的 $CO_2$ 再溶解，极端降水对 DIC 淋溶流失的促进作用更为明显。该研究结果表明，土壤碳（特别是无机碳）淋溶流失是干旱半干旱草地碳流失的重要途径之一，而且通过测定大气 $CO_2$ 释放可能低估碱性土壤中有机碳的矿化。此外，该研究也表明土柱培养实验是研究 SOC 迁移与固定行之有效的方法。

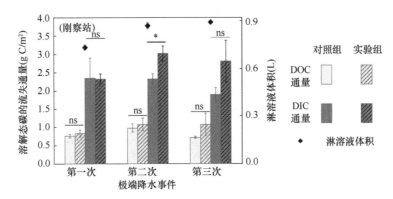

图 6.5　极端降水条件下土柱中溶解性有机碳（DOC）和溶解性无机碳（DIC）的流失通量
（Liu et al.，2018）

*和 ns 分别表示添加凋落物土柱和无凋落物土柱间通量差异显著（$P<0.05$）和不显著（$P>0.05$）

# 参 考 文 献

姜玲玲, 赵同科, 杜连凤, 康凌云. 2018. 设施菜地氮淋溶研究方法评价. 北方园艺, (23): 156-163.

宋静, 骆永明, 赵其国. 2000. 土壤溶液采样技术进展. 土壤, 32(2): 102-106.

吴龙华, 骆永明. 1999. 根际土壤溶液取样器——介绍一种新型原位土壤溶液采集装置. 土壤, (1): 54-56.

Briggs L J, McCall A G. 1904. An artifical root for including capillary movement of soil moisture. Science, 20: 566-569.

Brye K R, Norman J M, Bundy L G, Gower S T. 2001. Nitrogen and carbon leaching in agroecosystems and their role in denitrification potential. Journal of Environmental Quality, 30(1): 58-70.

Chapin F S, Woodwell G M, Randerson J T, Rastetter E B, Lovett G M, Baldocchi D D, Clark D A, Harmon M E, Schimel D S, Valentini R, Wirth C, Aber J D, Cole J J, Goulden M L, Harden J W, Heimann M, Howarth R W, Matson P A, McGuire A D, Melillo J M, Mooney H A, Neff J C, Houghton R A, Pace M L, Ryan M G, Running S W, Sala O E, Schlesinger W H, Schulze, E D. 2006. Reconciling carbon-cycle concepts, terminology, and methods. Ecosystems, 9(7): 1041-1050.

Corral F C J, Castano S B, Fernandez M D F, Garcia M R G, Hernandez J C L. 2016. Lysimetry methods for monitoring soil solution electrical conductivity and nutrient concentration in greenhouse tomato crops. Agricultural Water Management, 178: 171-179.

Grossmann J, Udluft P. 1991. The extraction of soil water by the suction-cup method: a review. Journal of Soil Science, 42(1): 83-93.

Harper C W, Blair J M, Fay P A, Knapp A K, Carlisle J D. 2005. Increased rainfall variability and reduced rainfall amount decreases soil $CO_2$ flux in a grassland ecosystem. Global Change Biology, 11(2): 322-334.

Hendershot W H, Courchesne F. 1991. Comparision of soil solution chemistry in zero tension and ceramic-cup tension lysimeters. Journal of Soil Science, 42: 577-583.

Jury W A, Flühler H. 1992. Transport of chemicals through soils: mechanisms, models, and field applications. Advances in Agronomy, 47: 141-201.

Kindler R, Siemens J A N, Kaiser K, Walmsley D C, Bernhofer C, Buchmann N, Cellier P, Eugster W, Gleixner G, Grünwald T, Heim A, Ibrom A, Jones S K, Jones M, Klumpp K, Kutsch W, Larsen K S, Lehuger S, Loubet B, McKenzie R, Moors E, Osborne B, Pilegaard K I M, Rebmann C, Saunders M, Schmidt M W I, Schrumpf M, Seyfferth J, Skiba U T E, Soussana J F, Sutton M A, Tefs C, Vowinckel B, Zeeman M J, Kaupenjohann M. 2011. Dissolved carbon leaching from soil is a crucial component of the net ecosystem carbon balance. Global Change Biology, 17(2): 1167-1185.

Knapp A K, Fay P A, Blair J M, Collins S L, Smith M D, Carlisle J D, Harper C W, Danner B T, Lett M S, McCarron J K. 2002. Rainfall variability, carbon cycling, and plant species diversity in a mesic grassland. Science, 298(5601): 2202-2205.

Lal R. 2003. Soil erosion and the global carbon budget. Environment International, 29(4): 437-450.

Litaor M I. 1988. Review of soil solution samplers. Water Resources Research, 24: 727-733.

Liu T, Wang L, Feng X J, Zhang J B, Ma T, Wang X, Liu Z G. 2018. Comparing soil carbon loss through respiration and leaching under extreme precipitation events in arid and semi-arid grasslands. Biogeosciences, 15: 1627-1641.

Morel B, Durand P, Jaffrezic A, Gruau G, Molénat J. 2009. Sources of dissolved organic carbon during stormflow in a headwater agricultural catchment. Hydrological Processes, 23(20): 2888-2901.

Parfitt R L, Percival H J, Dahlgren R A, Hill L F. 1997. Soil and solution chemistry under pasture and radiata pine in New Zealand. Plant and Soil, 191: 279-290.

Reichstein M, Bahn M, Ciais P, Frank D, Mahecha M D, Seneviratne S I, Zscheischler J, Beer C, Buchmann N, Frank D C. 2013. Climate extremes and the carbon cycle. Nature, 500(7462): 287-295.

Rey A, Petsikos C, Jarvis P G, Grace J. 2005. Effect of temperature and moisture on rates of carbon mineralization in a Mediterranean oak forest soil under controlled and field conditions. European Journal of Soil Science, 56(5): 589-599.

Siemens J. 2003. The European carbon budget: a gap. Science, 302(5651): 1681.

Spangenberg A, Cecchini G, Lamersdorf N. 1997. Analysing the performance of a micro soil solution sampling device in a laboratory examination and a field experiment. Plant and Soil, 196: 59-70.

Unger S, Máguas C, Pereira J S, David T S, Werner C. 2010. The influence of precipitation pulses on soil respiration—Assessing the "birch effect" by stable carbon isotopes. Soil Biology and Biochemistry, 42(10): 1800-1810.

Vidican R, Sandor V. 2015. Microcosm experiments as a tool in soil ecology studies. Bulletin UASVM Agriculture, 72(1): 319-320.

Vinther F P, Hansen E M, Eriksen J. 2006. Leaching of soil organic carbon and nitrogen in sandy soils after cultivating grass-clover swards. Biology and Fertility of Soils, 43(1): 12-19.

Weihermüller L, Kasteel R, Vereecken H. 2006. Effects of soil heterogeneity on solute breakthrough sampled with suction cups: numerical simulations. Vadose Zone Journal, 5: 886-893.

Weihermüller L, Siemens J, Deurer M, Knoblauch S, Rupp H, Gottlein A, Putz T. 2007. *In situ* soil water extraction: a review. Journal of Environmental Quality, 36(6): 1735-1748.

# 第7章 利用光谱研究碳循环的新方法

## 7.1 衰减全反射红外光谱

红外光谱（infrared spectrum，IR）、拉曼光谱（Raman spectrum）、X 射线吸收光谱（X-ray absorption spectrum，XAS）和电子顺磁共振（electron paramagnetic resonance，EPR）都是常见的可用于分析固、液、气界面的光谱技术。这些技术中，红外光谱由于可分析样品广泛、分析速度快等优点被广泛应用。20 世纪 60 年代出现的一种使用内反射原理的衰减全反射红外光谱（attenuated total reflectance-fourier transform infrared spectroscopy，ATR-FTIR），现在已发展成为普遍认可的用于分析界面过程，尤其是固-液界面反应的有效方法（杨晓芳，2010）。

ATR-IR 常被用于研究矿物表面分子水平的界面有机化学（Axe and Persson，2001；Saito et al.，2004；Yeasmin et al.，2014）。自 20 世纪七八十年代以来，许多实验利用 ATR-IR 技术原位研究环境固-液微界面有机物的吸附过程，因为 ATR-IR 容易与相关的吸附方法结合，并且对小的结构变化也高度敏感（And and Premachandra，2002）。与常见的 FTIR 相比，干湿两种样品都可以直接通过 ATR-IR 进行分析，它没有任何可能影响表面或吸附复合物制备的不利因素（Kubicki et al.，1997）。

高效液相色谱法（HPLC）是测量有机酸尤其是微生物分泌酸的最典型方法，但它需要复杂的步骤并花费较长的时间。此外，分析柱对样品的敏感性、堵塞问题和昂贵的重新包装都是 HPLC 的主要缺点（Strobel，2001）。研究发现，红外光谱可以测定吸附态有机酸的特征光谱，通过对光谱结果进行分析和计算，便可以达到半定量测定有机酸的目的。

## 7.2 利用红外光谱测定草酸浓度的方法

有机酸是土壤根际中有机水溶性组分的主要成分，是大多数农业土壤的重要组成部分，对土壤养分供给、农作物生产力和生态环境都具有重要的影响，并且是土壤圈和生物圈之间相互联系的纽带（胡红青，2004）。有机酸种类繁多，许多有机酸如柠檬酸、苹果酸、乳酸和草酸，都是常见的有效分泌物。与其他常见有机酸相比，如甲酸和柠檬酸，草酸具有较高的电离常数（$K\alpha_1=6.5\times10^{-2}$）（Bolan et al.，1994）。草酸已被确定为土壤微生物最重要的分泌物之一，例如，解磷菌（phosphate solubilizing microorganisms，PSM）是土壤生态系统中发挥重要作用的一类土壤微生物，它可以通过分泌有机酸（主要是草酸）促进难溶性磷酸盐的溶解，从而释放可溶性的磷供植物吸收利用（Whitelaw，1999；Li et al.，2016a）。已有研究利用红外光谱测定的手段对草酸、草酸根和草酸氢根进行测定（表 7.1）。

表 7.1　草酸、草酸根和草酸氢根在 1800～1200cm$^{-1}$ 的 **ATR-IR** 主要吸收峰值（Persson and Axe，2005）

| 化学键 | $C_2O_4^{2-}$ | $HC_2O_4^-$ | $H_2C_2O_4$ |
|---|---|---|---|
| $vC=O$ | — | 1728 | 1735 |
| $vC—O^{as}$ | 1569 | 1609 | — |
| $vC—O^s$ | 1308 | 1307 | — |
| $vC—OH$ | — | 1242 | 1233 |

### 7.2.1　纯草酸固体的 ATR 红外光谱测定

操作步骤如下。

#### 7.2.1.1　实验材料的准备

草酸试剂 $C_2H_2O_4 \cdot 2H_2O$（分析纯 AR），购于南京化学试剂有限公司。

#### 7.2.1.2　光谱测定

将少量固体纯草酸样品平铺于 ATR-IR 的石英上，旋紧旋钮，在 Nicolet iS5 傅里叶变换红外光谱仪（ThermoFisher Scientific 公司）上进行 ATR-IR 测定。在 4cm$^{-1}$ 的光谱分辨率下，对于每个样品以 16 次扫描记录 4500～0cm$^{-1}$ 的光谱区域。使用 Thermo Scientific OMNIC 软件（ThermoFisher Scientific 公司，麦迪逊，美国）进行红外光谱图的分析，并用 Origin 软件进行图谱的制作。

### 7.2.2　标准草酸溶液的 ATR 红外光谱测定

操作步骤如下。

#### 7.2.2.1　实验材料的准备

草酸试剂 $C_2H_2O_4 \cdot 2H_2O$（分析纯 AR），购于南京化学试剂有限公司。实验中使用的水均为取自美国 ThermoFisher Scientific 公司 Barnstead Smart2Pure 的超纯水。将固体二水合草酸溶解在超纯水中分别制成 1000ppm、2000ppm、2500ppm、5000ppm、10 000ppm 和 20 000ppm 的不同浓度梯度的标准草酸溶液。

#### 7.2.2.2　光谱测定

将事先配制好的不同浓度梯度的草酸溶液（1000～20 000ppm）分别取一滴滴在 ATR-IR 石英上，测定其红外光谱。

### 7.2.3　蒙脱石吸附的不同浓度纯草酸溶液复合物的 ATR 红外光谱测定

操作步骤如下。

#### 7.2.3.1　实验材料的准备

草酸及超纯水同 7.2.2。蒙脱石（SWy-2）粉末从美国怀俄明州收集。样品由黏土矿物协会（The Clay Minerals Society）提供（美国印第安纳州普渡大学收藏）。在本实验使用之前，蒙脱石没有经过任何化学或物理处理。配制不同浓度的标准草酸溶液，浓度分别为 100ppm、200ppm、400ppm、600ppm、800ppm、1000ppm、2000ppm。

#### 7.2.3.2　光谱测定

取配制好的不同浓度梯度的标准草酸溶液（100~2000ppm）30ml 于 50ml 微量离心管中，每组处理都设置三个重复，并且每个离心管中都加入 50mg 蒙脱石。将离心管放在摇床中 37℃　180r/min 分别摇动 6h、12h 和 24h。然后按时将悬浮液以 8000r/min 离心 3min 并过滤掉滤液，然后将离心管底部的固液混合样品放置在室温下风干，风干后样品用研钵研磨成小于 74μm 的粉末，置于 ATR 石英上进行测定。

### 7.2.4　实验结果分析

纯固体草酸的红外光谱中（图 7.1），C—OH、C—O$^s$、C—O$^{as}$ 的振动分别通过 1235cm$^{-1}$、1352cm$^{-1}$、1614cm$^{-1}$ 处的吸收峰强度显示出来。当草酸溶解在水中后，草酸溶液的红外光谱中出现了三个主要的吸收峰，分别为 1635cm$^{-1}$、2361cm$^{-1}$ 和 3292cm$^{-1}$，然而与固体草酸相关的峰消失了（图 7.1）。并且这三个峰都出现在超纯水的光谱中，分别位于 1638cm$^{-1}$、2116cm$^{-1}$ 和 3304cm$^{-1}$（图 7.2），说明这三个峰是由 H$_2$O 中的—OH 的振动产生的，而不是草酸造成的。因此，草酸溶液图谱中的上述三个峰不具有代表性，不能作为鉴别草酸的特征峰。

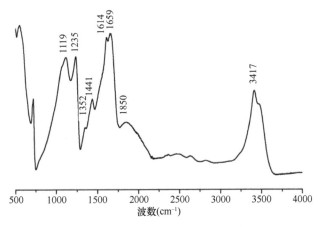

图 7.1　纯草酸固体的 ATR 红外光谱图

不同浓度梯度的草酸溶液（100~20 000ppm）的光谱之间没有显著差异（图 7.3A）。只有 10 000ppm 和 20 000ppm 溶液的光谱在 1234cm$^{-1}$ 处有微弱的吸收峰，而其他浓度的水溶液中不存在肉眼可以识别的吸收峰（图 7.3B），说明，ATR-IR 可以辨别 10 000ppm 和 20 000ppm 的草酸溶液，但在水溶液中精确度有限，不能检测出微量浓度。因此需要借助一定的媒介将这个微小差异扩大至可以清晰识别。

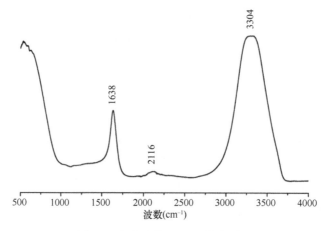

图 7.2　超纯水的 ATR 红外光谱图

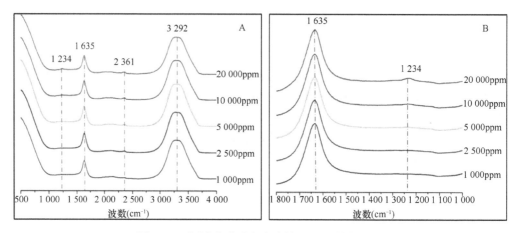

图 7.3　不同浓度草酸水溶液的 ATR 红外光谱图

A 是 4000～500cm⁻¹ 的完整红外光谱图，B 是 1800～1000cm⁻¹ 的特征光谱图

　　不同浓度的草酸（100～2000ppm）分别与蒙脱石混合振荡 6h、12h 和 24h，并且被蒙脱石吸附（图 7.4）。显然，经过蒙脱石的吸附，不同梯度的草酸之间出现了可识别的差异，并且草酸浓度也精确到 100ppm。与纯草酸溶液不同的是吸附态草酸的特征峰位

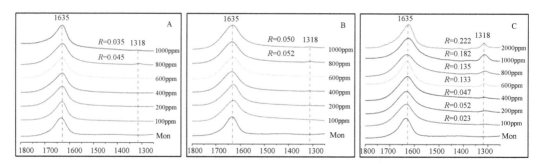

图 7.4　蒙脱石吸附的不同浓度草酸（100～2000ppm）的 ATR 红外光谱图

A、B、C 分别为蒙脱石与草酸混合振荡 6h、12h、24h 之后的结果；$R$ 表示峰值强度在 1318cm⁻¹ 和 1635cm⁻¹ 位置的峰值的比值；该结果中的 $R$ 值均测量了三次，且标准误差均小于±0.013；Mon 代表纯蒙脱石

置由 1234cm$^{-1}$ 变化为 1318cm$^{-1}$。根据红外光谱结果，将 1635cm$^{-1}$ 处的吸收峰设定为标准峰，1318cm$^{-1}$ 处的吸收峰作为不同浓度草酸的特征峰。$R$=峰高 $_{1318}$/峰高 $_{1635}$。

当草酸与蒙脱石混合 6h 时（图 7.4A），$R_{800}$=0.045，$R_{1000}$=0.035。当草酸与蒙脱石混合 12h 时（图 7.4B），$R_{800}$=0.052，$R_{1000}$=0.050，$R$ 值的增加是时间增加的结果。草酸与蒙脱石混合 24h 后（图 7.4C），$R_{100}$=0.023，$R_{200}$=0.052，$R_{400}$=0.047，$R_{600}$=0.133，$R_{800}$=0.135，$R_{1000}$=0.182，$R_{2000}$=0.222。

### 7.2.5　实证研究

解磷菌可以分为解磷真菌如黑曲霉（*Aspergillus niger*）和解磷细菌如产气肠杆菌（*Enterobacter aerogenes*）。先前研究发现黑曲霉是一种代表性的解磷真菌，它通过分泌大量的草酸，营造酸性环境，促进磷灰石的溶解和有效态磷的释放（Sturm et al.，2015；Liang et al.，2016），从而参与地球矿物的风化及元素循环过程。

#### 7.2.5.1　蒙脱石吸附的解磷菌分泌的草酸复合物的 ATR 红外光谱测定

操作步骤如下。

**1. 实验材料的准备**

1）黑曲霉（南京农业大学 CGMC 编号 11544）是从中国南京大豆根际土壤中筛选出来的（Li et al.，2016b）。接种黑曲霉孢子并在马铃薯葡萄糖琼脂培养基（PDA）中于 28℃良好培养 5 天。将产生在培养基表面的孢子用刷子及无菌水仔细冲洗分离。分生孢子由血球计数板进行计数，并用 0.85%无菌生理盐水稀释至 107CFU/ml。之后，将 1ml 菌液接种到 50ml 的解磷培养基中，并储存在灭菌的 150ml 三角瓶中用于之后的实验。

2）产气肠杆菌是从在南京大豆田和安徽凤阳玉米田（钙质土）采集的实验土壤样品中筛选出来的。将筛选出的菌种按平板划线法涂布分离于固体 NA 培养基上，将每块平板置于 37℃培养箱中培养 3～5 天，获得单个菌落。然后将菌转移至液体 NA 培养基中，37℃摇床下活化 24h。之后将 1ml 活化的菌液接种于 50ml 解磷培养基中。

3）解磷培养基的配制：葡萄糖 10.0g，FeSO$_4$•7H$_2$O 0.03g，MgSO$_4$•7H$_2$O 0.3g，NaCl 0.3g，KCl 0.3g，(NH$_4$)$_2$SO$_4$ 0.5g，MnSO$_4$•7H$_2$O 0.03g，Ca$_3$(PO$_4$)$_2$ 5.0g，H$_2$O 1000ml，pH 7.20～7.40。

**2. 光谱测定**

将经过解磷培养[以磷酸钙 Ca$_3$(PO$_4$)$_2$ 为磷源的标准解磷培养基]的解磷细菌和真菌的培养悬浮液以 8000r/min 离心 3min 并过滤掉菌丝和菌体，将 30ml 滤液倒入 50ml 微量离心管中，每组离心管中同样加入 50mg 蒙脱石，放在摇床中 37℃ 180r/min 混合 24h。离心、过滤，取底部固液混合物放置在室温下风干，风干后样品用研钵研磨成小于 74μm 的粉末，置于 ATR 石英上进行测定。

#### 7.2.5.2　蒙脱石吸附的模拟黑曲霉分泌的草酸复合物的 ATR 红外光谱测定

按照之前实验测定的有机酸含量（Li et al.，2016a），将 100mg 柠檬酸和 200mg 草酸溶于 100ml 水中，配制成混合溶液（1000ppm 柠檬酸+2000ppm 草酸），模拟黑曲霉分泌的有机酸。之后同样将溶液与蒙脱石混合振荡，风干、磨细，并对混合物进行红外光谱的测定。

### 7.2.5.3　实验结果及分析

蒙脱石+模拟有机酸的红外光谱在 1318cm$^{-1}$ 处有较强的峰，蒙脱石+黑曲霉的光谱也有吸收峰，说明在其他有机酸存在的环境下，被黏土吸附的草酸是可以用 ATR-IR 检测出来的，并且在微生物分泌的复杂有机酸环境中也可以被探测到。但是 $R_{模拟有机酸}$=0.200，$R_{黑曲霉}$=0.070，说明 $R$ 值计算过程中存在许多影响因子。此外，肠杆菌培养液与蒙脱石混合后的红外光谱中没有在 1318cm$^{-1}$ 处出现显著的吸收峰，但通过放大之后，仍能辨别出有微弱的吸收峰存在，且计算得到 $R_{肠杆菌}$=0.019（图 7.5）。

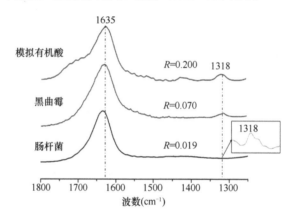

图 7.5　解磷菌溶磷过程中分泌的草酸被蒙脱石吸附的混合物及模拟黑曲霉分泌有机酸的吸附混合物的 ATR 红外光谱图

$R$ 代表峰值强度在 1318cm$^{-1}$ 与 1635cm$^{-1}$ 处的比率；$R$ 值经过三次重复测量，标准误差小于±0.01

### 7.2.5.4　实验结果校正

**1. $R$ 值的计算公式推导与校正**

在利用该方法进行测定时存在许多可能影响 ATR 测量结果及 $R$ 值计算结果的干扰因素，如除有机酸以外的少量有机分泌物、残留菌株和菌丝，以及其他次生有机酸如柠檬酸和甲酸等。因此我们基于黑曲霉分泌草酸及图 7.4C 的结果，通过重复实验收集各个样品的测量结果并进行了校正，以消除可能产生的误差并提高此测量的精确度，具体如下：

$$C_0=(R_{2000草酸}/R_{模拟草酸})×(R_{模拟草酸}/R_{黑曲霉草酸})$$
$$=R_{2000·草酸}/R_{黑曲霉草酸} \qquad (7.1)$$

式中，$C_0$ 代表样品红外光谱曲线 $R$ 值的校正系数。$R_{2000草酸}$=0.222（图 7.4C）；$R_{模拟草酸}$=0.200，$R_{黑曲霉草酸}$=0.070（图 7.5），因此 $C_0$ 的值可以用式（7.1）计算：

$$C_0=(0.222/0.200)×(0.200/0.070)=0.222/0.070=3.171$$

$$R_{校正}=C_0×R_{微生物草酸}=3.171×R_{微生物草酸} \qquad (7.2)$$

式中，$R_{校正}$ 是用上述方程校正的 $R$ 的测量值，$R_{微生物草酸}$ 是微生物分泌草酸样品被蒙脱石吸附后的 ATR 光谱曲线在 $1318\text{cm}^{-1}$ 和 $1635\text{cm}^{-1}$ 处吸收峰强度的比值。

**2. 草酸浓度估算方法**

采集待测样品的红外光谱，先计算 $R_{微生物草酸}$，然后用式（7.2）计算 $R$ 的校正值，并通过图 7.4C 估算待测样品中草酸的浓度。如果 $R < 0.050$，草酸浓度低于 400ppm；如果 $0.050 < R < 0.100$，则浓度在 $400\sim600$ppm；如果 $0.100 < R < 0.150$，则其在 $600\sim800$ppm；如果 $0.150 < R < 0.200$，则超过 1000ppm。最重要的是，如果 $R$ 值超过 0.200，也就是草酸浓度超过 2000ppm，是微生物分泌较高浓度草酸的标志，也是微生物研究中分泌物的常见含量，代表了微生物良好的持续性增长情况。

**3. 方法验证**

为确认此方法的准确性，我们通过 HPLC 测量了肠杆菌分泌的草酸浓度，并将其与这种利用 ATR 估算草酸浓度的结果进行比较：

$$R_{校正肠杆菌} = C_0 \times R_{肠杆菌草酸} = 3.171 \times 0.019 = 0.060 \tag{7.3}$$

根据图 7.4C，$0.047 < 0.052 < 0.060 < 0.133$，估计的浓度区间为 $200\sim400$ppm，结果与实际细菌分泌草酸浓度（$\sim354$ppm）一致，这显示了这两种测量结果的兼容性，以及利用 ATR 红外光谱半定量测定草酸含量这种新方法的可靠性。

## 7.3　光谱学方法的拓展

这种新方法具有可行性和普遍性，并且可以扩展到碳循环的研究中。在式（7.1）中，$C_0$ 已被精确校正，并且根据具体情况很容易重新校正。此外，本实验采用的蒙脱石是从黏土矿物协会购买的标准样品，很容易获得该材料，并且排除了蒙脱石本身物化性质对吸附结果造成的影响。本方法可以扩展到以下几个研究领域中。

1）光谱可以运用到重金属污染和环境修复研究中。大量金属修复过程都依赖有机酸与金属离子的螯合，如在利用黑曲霉进行重金属铅的固定和修复研究中，一部分铅离子通过与黑曲霉分泌的草酸根形成草酸铅沉淀而被固定。而在该过程中发挥重要作用的草酸浓度就可以通过光谱检测出来（图 7.6）。

2）这种定量方法不仅仅局限于草酸，其他有机酸也可以按照相同的方法进行半定量计算。例如，用针铁矿吸附柠檬酸（Hees et al.，2003），也可能获得相似的结果。也可以参照该方法，通过矿物吸附不同的有机酸，辨别不同种类的有机分泌物以区分不同种类的微生物。

3）利用光谱可以分析有机物，只要这些样品可以被黏土矿物吸附并且具有可识别的 ATR 红外光谱特征谱带。野外土壤中采集的样品中，腐殖质、有机质等也可以通过适当的方法和便携式技术的改进进行收集和测定（Saito et al.，2004）。

4）利用光谱可以分析无机碳酸盐类，从而追踪地壳、岩层环境中无机碳的循环路径。

今后，随着 ATR-IR 及光谱技术的发展和仪器设备的不断改进，这种测量方法可以更加精确和可行，在农业、土壤生态系统和生物地球化学研究中也有着广阔的应用前景。

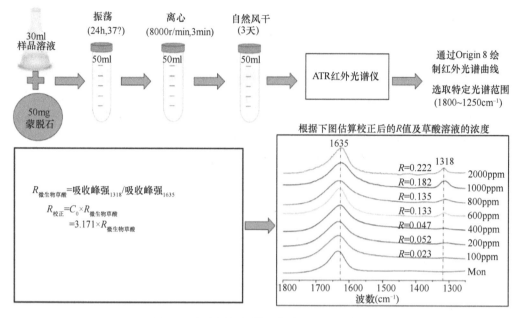

图 7.6　半定量测定样品草酸浓度的程序图

# 参 考 文 献

胡红青, 李妍, 贺纪正. 2004. 土壤有机酸与磷素相互作用的研究. 土壤通报, 35(2): 222-229.

杨晓芳, 王东升, 孙中溪, 刘会娟. 2010. ATR-FTIR 在研究环境固液微界面吸附过程中的应用. 化学进展, 22(6): 1186-1194.

And C T J, Premachandra G S. 2002. Polarized ATR-FTIR study of smectite in aqueous suspension. Langmuir, 17(12): 3712-3718.

Axe K, Persson P. 2001. Time-dependent surface speciation of oxalate at the water-boehmite (γ-AlOOH) interface: implications for dissolution. Geochimica et Cosmochimica Acta, 65(24): 4481-4492.

Bolan N S, Naidu R, Mahimairaja S, Baskaran S. 1994. Influence of low-molecular-weight organic acids on the solubilization of phosphates. Biology and Fertility of Soils, 18(4): 311-319.

Hees P A W V, Vinogradoff S I, Edwards A C, Godbold D L, Jones D L. 2003. Low molecular weight organic acid adsorption in forest soils: effects on soil solution concentrations and biodegradation rates. Soil Biology and Biochemistry, 35(8): 1015-1026.

Kubicki J D, Itoh M J, Schroeter L M, Apitz S E. 1997. Bonding mechanisms of salicylic acid adsorbed onto illite clay: an ATR-FTIR and molecular orbital study. Environmental Science and Technology, 31: 1151-1156.

Li Z, Bai T, Dai L, Wang F, Tao J, Meng S, Hu Y, Wang S, Hu S. 2016a. A study of organic acid production in contrasts between two phosphate solubilizing fungi: *Penicillium oxalicum* and *Aspergillus niger*. Scientific Report, 6: 25313.

Li Z, Wang F, Bai T, Tao J, Guo J, Yang M, Wang S, Hu S. 2016b. Lead immobilization by geological fluorapatite and fungus *Aspergillus niger*. Journal of Hazardous Materials, 320: 386.

Liang X, Kierans M, Ceci A, Hillier S, Gadd G M. 2016. Phosphatase-mediated bioprecipitation of lead by soil fungi. Environmental Microbiology, 18(1): 219-231.

Persson P, Axe K. 2005. Adsorption of oxalate and malonate at the water-goethite interface: molecular surface speciation from IR spectroscopy. Geochimica et Cosmochimica Acta, 69(3): 541-552.

Saito T, Koopal L K, van Riemsdijk W H, Nagasaki S, Tanakat S. 2004. Adsorption of humic acid on goethite:

isotherms, charge adjustments, and potential profiles. Langmuir: the ACS Journal of Surfaces and Colloids, 20(3): 689-700.

Strobel B W. 2001. Influence of vegetation on low-molecular-weight carboxylic acids in soil solution——a review. Geoderma, 99(3): 169-198.

Sturm E V, Frank-Kamenetskaya O, Vlasov D, Zelenskaya M, Sazanova K, Rusakov A, Kniep R. 2015. Crystallization of calcium oxalate hydrates by interaction of calcite marble with fungus *Aspergillus niger*. American Mineralogist, 100(11-12): 2559-2565.

Whitelaw M A. 1999. Growth promotion of plants inoculated with phosphate-solubilizing fungi. Advances in Agronomy, 69: 99-151.

Yeasmin S, Singh B, Kookana R S, Farrell M, Sparks D L, Johnston C T. 2014. Influence of mineral characteristics on the retention of low molecular weight organic compounds: a batch sorption-desorption and ATR-FTIR study. Journal of Colloid and Interface Science, 432: 246-257.

# 第8章　植物根系在碳循环过程中相关指标的研究方法

## 8.1　引　言

根是植物吸收水分和养分的器官，特别是细根，对植物的生存起着决定性的作用。植物根系在陆地生态系统的碳循环中起到重要的作用，有研究估计33%的净生产量被分配到了地下（Jackson et al.，1997）；尤其是在高海拔和高纬度地区，根生物量占到植物总生物量的70%甚至更多（Poorter et al.，2012；Wang et al.，2016）。根研究中主要关注的是细根，因为细根是植物进行水分和养分吸收的主要部位，其生长和死亡的动态也更加明显。虽然目前对于细根的定义尚不明确，在实际工作中主要依靠根的直径（例如，直径小于1mm或2mm的根即为细根）或者根级来判定。根级的划分依据的是河流分级的划分方法，最尖端的根为一级根，两个一级根相汇后形成二级根，以此类推。有研究认为一到三级根主要是吸收根，应划分为细根，而更高级的根则为粗根（McCormack et al.，2015）。研究者应根据研究条件和研究目的选择适合自己的区分细根方法。根影响碳循环过程的途径主要有植物对根的碳分配（生物量与生产力）、根的周转（新根生成与老根死亡的速率）、根凋落物的分解、根分泌物对土壤环境和土壤微生物的作用，以及根系与土壤微生物对水分和养分的竞争。

## 8.2　根的研究方法

### 8.2.1　土芯法

土芯法是根研究中最为传统的方法，通过土钻取得土芯（soil core）或采集土块获得含根的土壤，然后用水冲洗掉泥土或者手工挑出土中的根获得根样品，最后称重并根据土芯大小计算出单位面积或体积土壤中的根生物量，常以 g/m$^2$ 或 g/m$^3$ 为单位。土芯法在根研究中具有极广泛的应用，往往是估计根生物量首先采用的方法，可以对所研究系统的根生物量有一个大致的估计。土芯法采样需要考虑的是土芯的大小（直径）与数量。所采土芯直径越小，需要采集的土芯数量也应当增加，以获得对根生物量的准确估计。但是土钻的直径越小，管内壁与土芯表面的摩擦阻力越大，会使得部分土壤被挤出土芯，进而导致使用小土钻所得的测量值偏小；而在土钻直径为7cm时，被挤出土芯的土壤量相对于整个土芯而言可以忽略不计（Schuurman and Goedewaagen，1965）。研究中5～10cm直径的土芯较为常见。需要采集的土芯数量也取决于所研究系统中根系分布的均匀性，根生物量变异系数（coefficient of variation，标准差与平均值之比）越大的系统，所需要采集的土芯数量也越多。一般而言，草地生态系统根生物量的变异系数为40%左右，在这种情况下，如果我们对两种处理下的根生物量作 t 检验，并且假设两种处理的均值差异为 22%，我们需要至少 25 个重复才能检测到处理之间差异的显著性（$P <$ 0.05）；均值差异为35%的话，需要至少 10 个重复（van Noordwijk et al.，1985）。

土芯法采样的位置对根生物量的估计也有影响。在植株茂密、物种分布比较均匀的草地生态系统，随机采样应该是合理的；但是在植被稀疏或者植株分布不均匀的生态系统中，采样的位置对最终结果的影响很大。例如，在森林生态系统，采样点距最近树株的远近决定了根生物量的大小以及粗根和细根的比例（Moser et al.，2010）；或者在物种呈斑块状分布的生态系统，由于物种间的差异，不同点的根生物量有很大差异（Wang et al.，2017）。对于前者，可以在不同距离处采样来获得对根生物量平均值的估计；对于后者，可以在不同斑块采样并根据各斑块在系统中的比例来获得整个系统根生物量的平均值。

土芯法的缺陷在于分辨活根和死根的困难，尤其是在多年生植物占优势的生态系统，虽然当年新生的根和往年生的根可能具有可分辨的特征，但往年生的根与已死亡但仍连接在根系上的根之间的界限往往并不明显，所以在实际的野外采样中通过肉眼区分活根和死根往往是不现实的（Hobbie et al.，2010）。因此通过土芯法获得的对根生物量的估计不可避免地具有一定偏差，偏差的大小取决于研究者是否采用一定的标准区分死根和活根以及这种标准的合理性。

根生产量可以通过连续土芯（sequential soil coring）法测量：在一年中间隔固定的时间对一个样地进行连续的土芯采样，获得不同时间的根生物量，一般将最大根生物量与最小根生物量之间的差值认为是当年的根生产量；或者将每次采样所得根生物量相比上一次采样的正增加量之总和作为总的根生产量。也有研究认为，将草本植物的根样品分为活根和根状茎，分别计算两者的增加量，可以更准确地估计根生产量和总的地下生产量（Neill，1992）。这种方法有几个重要的假设，一是两次相邻的采样间的生物量差异只是由于根生长或者根死亡引起的，两者不会同时发生；二是根生物量的最高峰或最低谷不会出现在两次相邻采样之间（Majdi et al.，2005）。一般研究者认为连续土芯法倾向于低估根生产量，主要就是因为这两个假设在现实中很可能不成立。

根生产量也可以通过内生长芯（ingrowth core）法测量：将取得的土芯中的根筛出或者挑出，将剩下的无根土装在和土芯同样大小的网袋中，再将网袋放入原土芯的位置，过一段时间后（通常为一年）将网袋取出，获得其中的根生物量，即为这段时间中根的生产量。内生长芯法需要注意的事项基本与土芯法相类似，此外，还需要注意的一点是在根生长缓慢的生态系统，如寒带针叶林，安装内生长芯的时间可能不能用来代表根开始生长的时间，因为根可能需要更长的时间来进入内生长芯中（Vogt et al.，1998）。可以通过设置多个内生长芯，并间隔一定时间连续采样内生长芯，或者通过微根窗（见 8.2.2 节）观察来确定根开始生长的具体时间。

内生长芯法是野外测量根生产量的一个常用方法，但这种方法也有一定局限性，其中最重要的两点是，首先，采集土芯并剔除其中已有的根的过程必将改变土壤的物理和化学性质，如团聚体结构、孔隙度、含水率、无机氮含量等，进而影响根的生长和形态（肖红等，2018）；其次，根在一个无根的土壤环境中的生长与在有其他根竞争的情况下的生长可能有所不同（王鹏等，2012）。这些都会导致高估或低估根生产量，研究者需要对具体生态系统的土壤环境与根生长之间的关系进行调查。

知道了根生物量和根生产量之后，可以计算出根的周转率（turnover rate）。根的周转一般定义为每年老根被新根替换的次数，可以用根寿命的倒数来表示（Lukac，2012）。但是在实际计算中，根据所测量指标的不同，存在着多种根周转率的计算方法，比较常见的是用根的生产量除以根的年最大生物量（Gill and Jackson，2000）。

### 8.2.2 微根窗法

微根窗是直接观察根生长动态的一类装置。根窗（root window）是安装在土壤中的用树脂玻璃或玻璃做成的透明的平面，可以通过这个平面观察在土壤-玻璃交界处生长的根。微根窗（minirhizotron）与根窗的原理相似，只不过平面为管状平面。微根窗系统主要由插入土壤中的透明的微根窗管、拍照的摄像头和安装有相关操作软件的计算机组成。使用微根窗法可以直接对单个根的生长动态进行非破坏性的（non-destructive）持续观察，包括根数量、根长度、根直径、根分枝等的变化。

除了对个体的根进行形态和生长动态的观察外，也可以通过一些数学的方法将根窗的一个平面数据转化为整个土体的数据，如根长密度（root length density，RLD）、根生物量等。将微根窗的数据转换成根长密度主要有两种方法（Johnson et al.，2001），一种是利用观测到的根窗表面的根数量（单个根计数为 1，带有分枝的根每个分枝加一个计数），根据公式：

$$RLD=c \times N/A \qquad (8.1)$$

计算得出根长密度（Merrill and Upchurch，1994），式中，$N$ 为根窗表面观察到的根数量，$A$ 为根窗面积（$m^2$），$c$ 为转换系数（m/m）。在不同的研究中 $c$ 变异很大（Smit et al.，2000），因此研究者最好自己采集研究对象的样品对根的数量和长度作回归，计算出适合自己研究的 $c$ 值。这种方法只使用了到达根窗表面的根数量的数据，理论上来讲它受到土壤-根窗界面环境的影响较根窗表面根长度数据为小。另外一种将微根窗数据转换成根长密度的方法是，假设距离根窗表面一定的范围内，所有的根都会被观测到，这个距离一般假设为 2mm 或者 3mm（Sanders and Brown，1978）。根长密度由下面的公式得出：

$$RLD=L/(A \times D) \qquad (8.2)$$

式中，$L$ 为根窗表面观察到的根总长度（m），$A$ 为根窗面积（$m^2$），$D$ 为假设的距离（m）。

获得根长密度数据后，便可利用比根长（specific root length，SRL，表征单位重量根的长度，单位 m/g 或 cm/g）的数据来计算根生物量。由于比根长受根直径的影响很大，因此需要对不同直径分级的根分别计算其比根长，然后根生物量密度（root biomass density，RBD）可以根据下面的公式计算：

$$RBD=\sum RLD_i \times SRL_i \qquad (8.3)$$

式中，$RLD_i$ 和 $SRL_i$ 分别是第 $i$ 个根直径分级的根长密度和比根长。另外，也可以在根窗附近采集土芯，如果其中的根生物量密度与根窗的根长密度能很好地对应起来的话，就可以直接在两者之间进行转换，而不必先计算出土体中的根长密度。

根窗数据也可以用来计算根周转率。根据观测得到的活根长度/数量总增加量或死根长度/数量总和，除以根窗面积上总的根长/数量，即可算出根周转率。另外也可以追踪根窗表面的每一个或一簇根，依照一定的标准将根分为活根和死根，根据观测期内每个时间点每段根继续存活或者死亡的数据，通过 Kaplan-Meier 算法（Kaplan and Meier，1958）得出根寿命中位数（median root longevity，一半根死亡所需时间），根周转率即可表示为寿命中位数的倒数（Majdi et al.，2005）。这里使用寿命中位数的原因是，在一个有限的观测期内，有部分根在观测期结束时仍处于存活状态，所以不可能知道它们真实的寿命，也就不可能知道真实的根周转率，但是一半的根死亡所需要的时间是可以测得的。

微根窗法虽然可以直接观察根的生长动态，但它也有一定的缺陷。首先，安装根窗会对土壤环境和根本身造成破坏，可能会刺激或阻碍根的生长，需要一定的时间来达到稳定的状态，一般建议在微根窗安装完成 6～12 个月后再开始首次测量。在已有根系的土壤中安装微根窗，第一年测得的数据往往与其后测得的数据有一定程度的差异（Burke and Raynal，1994）。在一项对多个微根窗观测数据的综合分析中，研究者发现森林生态系统中的根在安装微根窗后需要三年的时间才能恢复到平衡状态（Strand et al.，2008）。其次，研究者最感兴趣的是土体中的根，而微根窗法只能观察到在土壤-玻璃交界处生长的根。土壤-玻璃交界处的环境与土体中的环境有一定差异，比如交界处土壤的紧实度、温度和湿度会比较高（Vogt et al.，1998），而根的生长也会受到这些差异的影响。所以在安装根窗或微根管时要保证玻璃壁与土壤的紧密接触，同时需要避免对土壤的剧烈扰动，安装后对根窗或微根管做好固定、避光和密封措施。最后，仅依靠肉眼观察或拍摄所得图像很难辨别根的死亡，在实际研究中往往以一段根在根窗上消失的时间作为它的死亡时间，但这无疑会高估根的寿命以及低估根的周转率。

### 8.2.3　同位素法

20 世纪 60 年代，世界各国的核试验达到顶峰，极大地增加了大气中碳的放射性同位素 $^{14}C$ 的含量。之后，核试验逐渐减少，大气中的 $^{14}C$ 含量逐渐下降。60 年代以后的植物通过光合作用合成并分配到各器官的含碳有机物必将带有当时空气中 $^{14}C$ 浓度的标记；同时，随着时间的推移，植物器官中含有的 $^{14}C$ 也会发生衰变。对于不同年份的根同时存在的根群体，假设根的年龄符合正态分布，同时考虑这两种因素，根据测得的根内 $^{14}C/^{12}C$ 值，可以根据公式：

$$C_{(t)} \times R_{root(t)} = I \times R_{atm(t)} + C_{(t-1)} \times R_{root(t-1)} \times (1-k-\lambda) \tag{8.4}$$

推算出根当前的寿命，式中，$C_{(t)}$、$C_{(t-1)}$ 分别为第 $t$ 年、第 $t-1$ 年时根的碳含量，$I$ 为根年生产量，$R_{root(t)}$、$R_{root(t-1)}$ 分别为第 $t$ 年、第 $t-1$ 年时根中的 $^{14}C/^{12}C$ 值，$R_{atm(t)}$ 为第 $t$ 年时大气中的 $^{14}C/^{12}C$ 值，$k$ 为根周转率，$\lambda$ 为碳的衰变常数。在测量了通过微根窗观测到的细根中的 $^{14}C$ 后，研究者发现当年生长的新根中 $^{14}C$ 浓度确实与大气中的浓度一致，从而证实了这种方法的合理性（Tierney and Fahey，2002）。最早使用这种方法的研究估计出的一个温带森林里阔叶树和针叶树细根的寿命为 3～18 年（Gaudinski et al.，2001），远大于之前用其他方法测得的往往小于一年的细根寿命。这种方法是否高估了细根的寿命从而低估了细根周转率到目前还有争议，一种可能是细根的年龄并不是正态分布的，而是由大量短寿命的根和少量长寿命的根组成的，如果假设是正态分布从而进行分析的话，使用微根窗方法就会低估细根的寿命，而使用 $^{14}C$ 法则会高估细根的寿命（Tierney and Fahey，2002）。

　　除了放射性同位素 $^{14}C$ 以外，也可以通过碳的稳定同位素（$^{13}C$）来估测根的寿命和周转。在一项开放式空气 $CO_2$ 增加（free-air $CO_2$ enrichment，FACE）实验中，$^{13}C$ 贫化的二氧化碳气体被用来增加空气中的二氧化碳含量，这样也改变了植物组织内的 $^{13}C/^{12}C$ 值，从而改变了植物组织的 $\delta^{13}C$ 特征值（Matamala et al.，2003）。$\delta^{13}C$ 由以下公式：

$$\delta^{13}C=(R_{sample}/R_{standard}-1)\times1000‰ \tag{8.5}$$

计算出，式中，$R_{sample}$ 和 $R_{standard}$ 分别是样品和标样中的 $^{13}C/^{12}C$ 值。随着老根的死亡和新根的产生，根整体的 $\delta^{13}C$ 特征值变化可以用一个指数衰减函数表示，这个衰减系数的倒数即为根的估计寿命。研究得出对于直径小于 1mm 的细根而言，火炬松（*Pinus taeda*）细根平均寿命为 4.2 年，北美枫香（*Liquidambar styraciflua*）的细根平均寿命为 1.25 年。

　　由于微根窗法更关注根的长度和数量，它的结果会更多地受到细小的根的影响；相反，同位素法是以质量为基础的，它的结果更多地受到质量占多数的粗根的影响。因此，相比于微根窗法，同位素法更适于估计高根级或大直径的根的寿命和周转率（全先奎等，2007）。在使用同位素法时，依据根的直径或根级等将根分为不同的群体，并对不同根群体的年龄分布有一个大致的认识，能使根寿命的估计更加准确。

## 8.2.4　探地雷达法

　　探地雷达（ground-penetrating radar，GPR）是为了探测浅层地下目标而设计的一种雷达系统，通过发射天线以宽频短脉冲向地下发射高频电磁波，由于不同物质的介电常数不同，电磁波向地下传播的过程中在不同介电常数的界面发生发射，可以根据接收天线收到的反射波的时延、波形和频谱等指标，解析出地下物体的深度、结构和物理性质等。由于植物根系的含水率和电导率与周围土壤存在差异，有一些研究尝试使用探地雷达来测量大面积尺度的根生物量。

　　最开始使用探地雷达的方法探测地下根系的是一项在捷克的研究，研究者使用450MHz 的电磁波对森林中无梗花栎（*Quercus petraea*）根系的三维分布进行了测绘（Hruska et al.，1999）。得到的结果表明使用探地雷达能够探测到 2m 深土层内直径大于3cm 的根；通过挖出根系进行验证后，发现探地雷达能达到 30%的准确率。在这以后，探地雷达在探测地下粗根分布和构型方面有了很多应用，也有研究将探地雷达与土芯法相结合来快速估测根生物量分布。例如，一项研究采用 1.5GHz 频率的电磁波对火炬松的根系进行了扫描，同时采集了扫描过的沿线的根并测量生物量，发现表层 30cm 土层内的粗根生物量与接收到的反射信号强度和信号个数之间有一定的关联（$r=0.34\sim0.57$），显示了使用探地雷达估测根生物量的可能性（Butnor et al.，2001）；经过改进信号处理方法和数据处理方法后，粗根生物量与反射信号强度之间有很强的关联（$r=0.86$），证实了使用探地雷达估测根生物量的有效性（Butnor et al., 2003）。

探地雷达是一种非破坏性的测量方法，它能够快速地对大面积的根系分布进行测量而不必破坏土壤和植物，也可以进行长期重复性的测量来监测根系动态，因此在科学研究和工程应用中具有很大的潜力（张开伟等，2018）。但是，由于目前探地雷达技术只能识别到直径不小于 5mm 的根（崔喜红等，2011），因此适用于对树木粗根以及草本植物块茎的探测（Wasson et al., 2020），对树木的细根和草本植物根系的探测则并不适用。另外，土壤环境的异质性也会影响应用电磁波测量根系的准确度。

## 8.3　根系分泌物

根系分泌物是根际碳沉积过程的一部分，是植物根系释放的土壤有机碳的主要来源，光合作用固定的碳有 5%～21%通过根系分泌物被转移到根际（Nguyen，2003）。根系分泌的化合物通常分为两类：第一类是低分子化合物，如氨基酸、有机酸、糖类和其他次生代谢产物，这几类占据了根系分泌物多样性的大部分；第二类是高分子化合物，如黏液（多糖）和蛋白质，占据了根分泌物质量的大部分（Badri and Vivanco，2009）。通过这些多种化合物混合而成的根系分泌物，根系可以调节与其紧邻的土壤微生物群落，对抗食草动物的威胁，培养有益的共生关系，改变土壤的化学和物理性质，抑制竞争植物物种的生长（Nardi et al., 2000；Walker et al., 2003），具有重要的生态学意义。

### 8.3.1　根系分泌物的收集方法

目前已报道的收集根系分泌物的方法按不同的分类标准有多种划分（Neumann et al., 2009）：以植株根系所在的培养系统，可将根系分泌物收集方法分为水培收集、基培（蛭石培、砂培、琼脂培等）收集及土培收集；以体系是否灭菌，可分为开放体系收集和密闭无菌体系收集；以收集是否在原位条件下进行，又可分为扰动根系收集和原位根系收集；还可根据是否动态收集分为实时动态收集和静态收集。在这些方法中，在密闭无菌条件下收集到的根系分泌物能较为准确地反映其中有机和无机物质的含量；在土培条件下原位收集法获得的根系分泌物则能较为真实地反映根系分泌物的实际情况。所以，根据不同的实验目的，研究者应采取相应适宜的收集方法。

水培收集法是收集根系分泌物常用的方法，可以使用蒸馏水或者营养液进行培养。收集根系分泌物时要避免损伤根系，因为根系在受伤时还会释放出细胞碎片及细胞内容物，而水培法可以有效地避免根系损伤。将植株幼苗或从土壤中采得的植株放入溶液中进行培养前，应将植株根系用无菌蒸馏水清洗干净。培养一段时间后，将植株移出，收集其培养液，直接利用有机溶剂萃取或者用吸附树脂柱吸附根系分泌物中的有机酸、糖类和氨基酸等，然后根据实验目的用不同极性的有机溶剂进行洗脱，这样可以减少营养溶液中无机盐离子对检测的影响，最后利用 HPLC、GC-MS、液相色谱-质谱联用仪（liquid chromatograph-mass spectrometer，LC-MS）等检测根系分泌物中的物质成分。水培法还能避免土壤微生物对根系分泌物的分解，有效保证根系分泌物的组分和含量。这种方法特别适合研究控制条件下的根系分泌物变化，比如某种营养胁迫下的根系分泌物变化（杨瑞吉和牛俊义，2006）。

水培法也有不足之处。首先，此法收集到的根系分泌物往往成分比较复杂，而且一些养分离子会与某些根系分泌物发生反应；其次，根系长时间浸在溶液中，有机酸和氨基酸分泌会增加，还会改变根际磷酸酶活性，代谢产生乙醇类物质（Faouzi et al.，2008），因此在溶液中培养植株必须通气培养，防止形成厌氧条件（Nardi et al.，2005）；最后，溶液条件与土壤条件相差巨大，植物根系的形态、生理特性与土壤中根系均有差异，使用水培法收集到的根系分泌物是否能反映在土壤中的情况还需研究者进一步确定。

基质培养收集和土壤培养收集基本类似，只是植物的生长介质不同。基质培养收集根系分泌物常用的基质有石英砂、琼脂、蛭石、玻璃珠和人造营养土等。由于固体基质通气状况较好，存在机械阻力，因此根系分泌作用比较旺盛，根系分泌物的量要高于水培获得的分泌物量（周艳丽，2007）。

石英砂或玻璃珠培养收集法：将植物培养在含有营养液的石英砂或玻璃珠中，以固定其根系，培养一段时间后将基质取出，用蒸馏水或有机溶剂浸泡提取基质表面的有机物质，最后将提取液过滤浓缩即得根系分泌物（Boeuf-Tremblay et al.，1995；Yoshitomi and Shann，2001）。实验前一般需要将石英砂用盐酸浸泡，之后用自来水冲洗至中性，然后用蒸馏水淘洗数次（Elhalmouch et al.，2006）。也有研究者利用盆栽的方式把植物种在沙子里，盆下面有一开口，用水浇灌沙子，把从开口流出的液体用于根系分泌物分析（Kudoyarova et al.，2014）。石英砂或玻璃珠的主要成分是二氧化硅，不含植物生长所需养分；另外石英惰性较强，不易与根系分泌物组分发生反应；并且石英砂通气状况较好，还有一定的机械阻力，这些都使得植物根系的生长状况比水培法更接近土壤中的实际情况。使用石英砂或玻璃珠的缺点在于，培养过程中往往难以做到无菌条件，使表面容易生长藻类，污染植物的培养系统（Marschner，1995），干扰对植物根系分泌物的鉴定。

琼脂培养收集方法：一般是将植株置于琼脂基质中，培养一段时间后，收集根系周围的琼脂，加热溶解，过滤，其过滤液即为根系分泌物（Hoffland et al.，1989；Wu et al.，2001）。琼脂培养法一般只适用于小型植物的苗期实验，并且也要防止微生物污染。除了石英砂和琼脂外，也有研究应用蛭石或人造营养土作为基质，虽然这些基质栽培植物效果良好，然而用来收集根系分泌物却并不多见，主要是因为它们易附着于根系表面，难以洗脱（朱国鹏，2002）。

土培收集根系分泌物传统的方法是将植物种植于土壤中，生长一段时间后采集根际土，将其与无菌水按一定比例混合、振荡、离心或过滤，所得上清液或滤液即为根系分泌物（Lee and Gaskins，1982）。土培法最大的优点就是更能反映植株在土壤中的实际分泌情况，还能反映整个根系的分泌状况。但不能够反映根系具体部位的分泌特征，所获得的分泌物成分复杂，不便于比较研究。而且由于分泌物易受微生物的分解，此方法所得结果受土壤微生物影响明显（沈佐君等，1998）。也有研究将生长在土壤基质的植株根系挖出，直接用蒸馏水淋洗，所得根系淋洗物即为根系分泌物，这种方法也称为根系淋洗法。但挖出的根系往往已受损伤，收集的根系分泌物中更多的是根系本身内含物和伤流液（郜红建等，2003）。

在固体基质培养条件下也可使用放射性同位素示踪法研究根系分泌物。例如，有研究者利用 $^{14}C$ 示踪法研究杉木根系分泌物，克服了杉木根系分泌物数量少的困难，发现杉木根系分泌物主要来源于光合产物，以有机小分子物质为主，其中以糖类为最多，其次是有机酸，而氨基酸含量最少（陈俊伟和倪竹如，1994）。利用放射性同位素示踪根系分泌物具有灵敏度高，测量方法简单易行，能够准确定量、定位等优点，但是实验设备和费用比较昂贵。

除了上述的方法之外，一些研究者根据自己的研究目的和研究对象设计了特殊的装置及方法来收集根系分泌物，如分根收集装置、连续性根系分泌物收集系统（continuous root exudates trapping system，CRETS），以及多孔陶头塑料管减压原位收集、层析滤纸定位收集、同位素标记结合土壤溶液取样器收集法等（朱国鹏，2002）。其中连续性根系分泌物收集系统对植物生长干扰较小，能实时、连续、有效地收集根系分泌物（Tang and Young，1982）。此系统将植物培养在连接有根系分泌物收集器的容器中，从容器上方向下输入培养液，培养液向下渗透将根系分泌物淋洗下来，经过容器下方根系分泌物收集器，有机物被树脂柱富集，而含有无机离子的培养液则循环回到培养容器中；收集完成后，用洗脱剂将根系分泌物从树脂上洗脱下来。在使用这种系统时要防止细菌和藻类的滋生，同时要确定恰当的培养液流速以保证收集效果。

## 8.3.2　根系分泌物的分离、纯化方法

根系分泌物成分复杂，收集之后不能直接用于分析，必须根据组分的理化及生物学性质，选择合理的方法进行分离纯化后才能作定性和定量分析。根系分泌物的分离过程包括干扰物质的分离、样品浓缩、萃取、离析等。文献报道的分离纯化方法主要有离子交换树脂法（张利等，2009）、吸附树脂法（Muratova et al.，2009）、萃取法（张照然等，2013）、衍生化法（张伟等，2014）和分子膜与超速离心法（Pant et al.，1994）。在实践中常常采用多种分离技术相结合的方法来获得高纯度的待测组分。

树脂法具有性能稳定、吸附容量高、脱附再生容易、使用寿命长等特点，可具体分为交换法和吸附法。交换树脂法是利用待测组分与杂质的极性差异，根据待测组分和杂质在离子交换树脂上的交换能力不同，使待测组分与杂质分离。阳离子交换树脂表面带有磺酸根（—$SO_3^-$）或羧酸根（—$COO^-$）等负电荷官能团，可以和介质中的钾、钙、镁等阳离子以及氨基酸发生交换或吸附；而阴离子交换树脂表面带有季铵基（—$NR_3^+$）等正电荷官能团，用以与介质中的硝酸根、磷酸根、硫酸根、有机酸根等阴离子发生交换或吸附。将收集到的根系分泌物依次通过阳离子交换树脂和阴离子交换树脂，其中的氨基酸将被阳离子交换树脂吸附，可用氨水溶液洗脱下来；有机酸被阴离子交换树脂所吸附，可用甲酸溶液洗脱下来；而未被离子交换树脂所吸附的中性组分，主要是一些糖类物质。通过离子交换树脂，根系分泌物可被分离纯化为氨基酸、有机酸和糖类三大组分，可用于进一步分析鉴定。

吸附树脂法则是使用吸附树脂，吸附根系分泌物内的某些特定种类的有机化合物，

进行分离和纯化（He et al., 2005；程智慧等，2005；胡元森，2007；Muratova et al., 2009）。树脂大都是苯乙烯和二乙烯苯聚合而成的、具有三向空间网架结构的多孔海绵状高分子化合物，利用构成高分子树脂网架主链上的活性功能团对混合物中的有机物、阴阳离子或极性分子有选择性地吸附、富集或交换，然后经洗脱提取，可达到分离目的。硅胶是另一种较常用的填料，属微酸性吸附剂，适合分离鉴定酸性、中性物质。氧化铝单体也是一类重要的填料，属微碱性吸附剂，适合分离鉴定碱性、中性物质。硅藻土适合分离强极性物质。

衍生化法是利用特定的化学试剂与根系分泌物组分发生取代、酯化等衍生化反应，使待测组分转化为易分离或检测的衍生化合物，从而便于与杂质分离（张汝民等，2007）。研究中常用酯化反应来分离低浓度的糖、有机酸、酚和氨基酸等。例如，利用盐酸羟胺和乙酸酐将糖转化为糖腈乙酰酯，利用邻苯二甲醛将氨基酸衍生化等。待测产物通过衍生化后，可选择特定的有机溶剂进行萃取分离。例如，低分子量有机酸经过酯化反应衍生化后，选用丙酮或石油醚作为萃取剂，可与无机阴离子如 $PO_4^{3-}$、$SO_4^{2-}$、$NO_3^-$ 和 $Cl^-$ 进行有效分离。

萃取法是通过根系分泌物和杂质在两个不相溶或部分互溶的溶剂中的溶解度不同来达到分离纯化。常用的有机溶剂有乙醚、乙酸乙酯、二氯甲烷等。将根系分泌物的水溶液调节 pH 后，再用有机溶剂萃取也可以将其主要组分有效分离。将根系分泌物的水溶液 pH 调节到 11，用乙酸乙酯萃取得到碱性组分；再将剩余的水溶液 pH 调节到 7，用乙酸乙酯萃取得到中性组分；最后剩余的水溶液 pH 调节到 2，用乙酸乙酯萃取得到酸性组分。这样根系分泌物可粗分成碱性、中性和酸性三大组分，可用于不同 pH 环境的色谱分析鉴定。虽然萃取法的操作比较烦琐，但是所用器械简单易得，因此现在仍然应用较广。

分子膜法是根据根系分泌物中各组分间分子尺寸的差异，利用分子膜和凝胶的超滤技术将其有效分离，不同分子量的分子膜和凝胶孔径一般为 $0.001\sim1.000\mu m$（Pant et al. 1994）。也可利用分子膜将分泌物中的真菌、细菌等进行分离，防止微生物对根系分泌物的降解作用。

超速离心法以根系分泌物各组分间的密度差异为基础，不同密度的组分所受的离心力不同，因此在经过离心后分布于不同的层面上（Pant et al., 1994）。超速离心技术可将理化性质相近但是分子量差异比较大的根系分泌物组分进行有效分离。

### 8.3.3　已知组分的根系分泌物检测方法

常用于鉴定根系分泌物组分的仪器有红外光谱仪（infrared spectrometer, IR）、紫外-可见光谱仪（ultraviolet-visible spectrometer, UV-VIS）、质谱仪（mass spectrometer, MS）、核磁共振（nuclear magnetic resonance, NMR）仪、毛细管电泳（capillary electrophoresis, CE）仪、气相色谱仪（gas chromatograph, GC）、高效液相色谱仪（high performance liquid chromatograph）、离子交换色谱仪（ion-exchange chromatograph, IC）、氨基酸自动分析仪及三维激发发射矩阵荧光光谱仪（3D excitation-emission matrix fluorescence

spectrometer，3D-EEM）等。对于已知的有机组分，可以采用气相色谱、高效液相色谱
进行定性或定量的分析。

　　气相色谱法是以气体作为流动相的色谱法，样品在气相中传递速度很快，在流动相
和固定相之间可以瞬间达到平衡，具有灵敏度高、分析速度快、分离效率高等特点。气
相色谱分析一般要求待测物质沸点在 500℃以下，分子量要小于 450，并且热稳定性差、
易分解、变质及具有生理活性的物质不适合用气相分析。根系分泌物中的部分低分子量
有机酸沸点比较高，不易气化，并且极性较大，通常需要衍生化处理后才能进行气相分
析。例如，在一项调查红树根际沉积物中的低分子量有机酸和脱氢酶的研究中（Wang et
al.，2014），研究者分别对根系分泌物中有机酸和根际脱氢酶活性对多环芳烃（polycyclic
aromatic hydrocarbon，PAH）混合物的去除效果作了评估，其中有机酸的检测采用的是
气相色谱法，结果表明低分子量有机酸浓度和脱氢酶活性与多环芳烃混合物浓度水平呈
现物种特异性改变。

　　高效液相色谱的理论与气相色谱相同，只是以液体为流动相，用高压输液系统将流
动相泵入装有固定相的色谱柱，样品中各组分在色谱柱上被先后洗脱下来，进入检测器
进行检测。高效液相色谱操作过程简单，分析速度快、分离效能高，适合痕量物质的精
确分析，不仅可以测定有机酸，还可以测定氨基酸和糖类等。目前普遍应用于根系分泌
物中有机酸检测的是反相高效液相色谱法（reversed phase high performance liquid
chromatography，RT-HPLC）和离子交换色谱法。

　　有机酸的测定：植物根系分泌物中的有机酸主要有乙酸、草酸、乳酸、柠檬酸、苹
果酸等，还有少量的甲酸、丁二酸、马来酸、酒石酸等。分离有机酸可以使用离子色谱
法和反相高效液相色谱法，离子色谱法中又可用离子交换色谱和离子排斥色谱两种方
法。离子交换色谱法的原理是有机酸在水溶液中可以部分解离成羧酸根和氢离子，羧酸
根与阴离子交换柱中固定相上的阴离子基团交换而被保留下来（Ström et al.，1994），利
用各种有机酸的电解度、电荷数以及亲水性上的差异使其在色谱柱中的保留时间不同而
分离开来。离子排斥色谱法中的固定相以大交换容量的阳离子交换树脂为主，淋洗液多
采用强酸的稀溶液，使得有机酸的解离受到抑制，容易解离或极性较强的有机酸在色谱
柱上的保留时间较短（Fischer，2002）。反相高效液相色谱法一般使用弱极性的十八烷
基硅烷键合硅胶填料（octadecylsilyl，ODS）固定相，流动相一般选择酸性缓冲溶液，
可以抑制有机酸的解离使其尽可能以分子形式存在，流动相极性比固定相稍大，各种有
机酸由于在固定相和流动相中的分配系数不同而被分离。

　　氨基酸的测定：根系分泌物中所含氨基酸包括甘氨酸、精氨酸、丙氨酸、谷氨酸、
天冬氨酸、酪氨酸、苯丙氨酸、苏氨酸、赖氨酸、脯氨酸、色氨酸等。高效液相色谱法
测定氨基酸主要采用磺酸盐阳离子交换树脂，利用氨基酸样品在 pH 为 2~3 时全部转变
为阳离子的特性，通过调节流动相的 pH 和离子强度，将各种氨基酸逐一分离，用邻苯
二甲醛在巯基存在条件下通过柱后反应生成带荧光的物质，进行荧光检测（Nakamura et
al.，2007），或利用茚三酮柱后衍生，紫外检测（Suk-Hyun et al.，2011）。该色谱方法的
不足之处在于分离时间长，检测灵敏度相对较低，价格昂贵。除此之外，在分析根系分
泌物中氨基酸组分及含量时，氨基酸自动仪应用也比较广泛。氨基酸自动分析仪基本结

构与液相色谱仪相似,采用经典的阳离子交换色谱分离、茚三酮柱后衍生法,可对蛋白质水解液及各种游离氨基酸的组分含量进行分析,并针对氨基酸分析进行了洗脱梯度及柱温梯度控制等方面的细节优化(Muratova et al., 2009)。

糖类的测定:低分子量糖类物质的色谱分析法主要有离子交换色谱法、正相色谱法和配体交换色谱法(Montero et al., 2004)。离子交换色谱法是通过改变固定相上离子交换基团类型以获得不同的分离效果。糖分子上的羟基呈弱酸性,电离常数也很低,为10~12。在使用阴离子交换色谱法分析糖时,流动相的 pH 要大于 12。由于糖类这样的多羟基化合物可与硼酸反应产生带负电荷的联合体,可以用硼酸缓冲溶液作流动相,通过糖和硼酸反应,进行糖类的分离。正相色谱法分析单糖和低聚糖非常有效。用硅胶固定相和胺丙基化学键合作为柱填料,乙腈和水作流动相,通过调整乙腈和水的比率可以控制糖的分离及保留时间。配体交换色谱法是通过选择 $Ca^{2+}$、$Na^+$、$Pb^{2+}$等作为配位离子,利用糖类分子内的羟基与金属配位离子形成络合体而被保留,保留时间取决于各种糖类分子与不同金属离子种类的络合相互作用力。配体交换色谱法的优点是只用水作流动相,分析简单,因此,近来一系列配体离子色谱柱已经得到了广泛的应用。

由于糖类物质不带发色基团和荧光基团,在液相色谱分析过程中难以通过紫外和荧光检测器检测,在使用液相色谱法检测糖类时,经常通过选择适当的试剂与样品衍生,使之产生紫外可见吸收光谱或荧光(Gao et al., 2003)。在柱前衍生法中,荧光衍生试剂有 2-氨基嘧啶、2-氨基吖啶酮、氨基苯甲酸酯类和酰肼类化合物;紫外衍生试剂有甲氧基苯胺、对硝基甲苯氯、2,4-二硝基苯、6-氨基喹啉、苯甲胺。柱后衍生法中,精氨酸、苯甲胺、胍基牛磺酸、胍基类物质可作为柱后荧光衍生试剂,酰肼类物质、四氮唑蓝、对氨基苯甲酸可作为柱后紫外衍生化试剂。不同的衍生试剂针对不同糖的种类以及在特定的流动相 pH、温度等条件才能完成衍生化,需要研究者根据不同的研究目的和条件,选择不同的衍生化试剂和分析检测方法。

### 8.3.4 未知组分的根系分泌物分析

对于未知的痕量组分,可用红外光谱仪、紫外-可见吸收光谱仪、核磁共振仪和质谱仪等判断其含有的功能团、共轭体系、碳氢原子结合方式,得到待测物质的分子量和结构,确定其化学结构;目前普遍采用气质联用技术或液质联用技术等色谱串联质谱技术进行分析鉴定。质谱是离子(如分子离子、碎片离子等)按质荷比($m/z$)大小依次排列的谱图,通过对样品气相离子质荷比大小和丰度的测定进行化合物的组分和结构分析,是化合物的"化学指纹图谱"之一(李汛和段增强,2013)。质谱与色谱联用技术是分析植物根系分泌物的常用方法,因为它需样量小,灵敏度高,能对待测组分的官能团进行有效鉴定。

用质谱仪作为气相色谱的检测器已成为一项标准化技术而被广泛使用,该技术在有机混合物质的分析方面发挥着重要的作用。根系分泌物中,大多数组分带有羟基、羧基、氨基等极性较强的官能团,因此首先要将样品硅烷化,再使用气质联用技术测定混合物,可了解有机混合物的组成及大致的相对含量情况(Wu et al., 2001)。气质联用技术的局限在于它只适合测定易挥发、分子量小和热稳定的化合物。

实际分析中，大多数化合物都具有极性强、不易挥发、分子量大和热不稳定的特性，不适于采用气质联用技术进行分析，所以液相色谱与质谱法的联用技术逐渐发展起来。根系分泌物都是以混合组分的形式存在，样品成分复杂，且待测化合物的含量少、不易分离和纯化。传统的液相色谱检测器往往检测限不够，而液质联用技术可将经过色谱分离的各组分脱去流动相后，吹扫进质谱进行检测，从而提高检测限。而且质谱的数据库可对其中的几十种成分进行指纹图谱分析，然后从指纹图谱中选择几种特征成分进行定量分析，可以给出简化的指纹图谱和指标成分（Erro et al.，2009）。

三维荧光法是近 20 多年发展起来的一门新的荧光分析技术，这种技术能够获得激发波长与发射波长或其他变量同时变化时的荧光强度信息，将荧光强度表示为激发波长-发射波长或波长-时间、波长-相角等两个变量的函数。三维荧光光谱具有分析快速、信息丰富和适于现场操作等优点。例如，在一项根系分泌物促进污染物分解的研究中（Lefevre et al.，2013），研究者采用三维荧光光谱测定所收集到的根系分泌物和人工合成的根系分泌物中的总有机碳等指标，来对比说明它们之间的特征差异，从而进一步分析它们对污染物分解的不同。

对于经过色谱分离得到的纯样，质谱给出了该化合物的分子量并推测出其可能的分子式和构型，要最终鉴定出该化合物的分子结构还需要多种谱学手段加以佐证。其中，红外光谱、紫外可见吸收光谱和核磁共振波谱是常用的几种谱学方法（李汛和段增强，2013）。红外光谱可以根据分子内部原子间的相对振动和分子转动等信息来确定物质分子结构和鉴别化合物。红外光谱定性分析有特征性高、分析时间短、需要的样品量少、不破坏样品、测定方便等优点，但大多数化合物的红外谱图是复杂的，因此只能作为提供未知物质官能团信息的辅助鉴定手段。紫外可见吸收光谱可作为有机分子，特别是具有共轭电子体系分子的鉴定方法。例如，根系分泌物中的羧酸、酚酸等，都具有特征的紫外可见吸收光谱带。核磁共振波谱中，可以根据不同质子的化学位移，得出这些质子所处的化学环境；从峰信号的强度可以得出相对应的质子数量；从信号峰的劈裂状态可以得出分子内各原子和官能团之间的连接方式，以及临近的磁性核数目。因此，核磁共振波谱分析法可以给出根系分泌物中有机分子内各官能团连接的结构信息。

### 8.3.5　实证研究：根系分泌物的提取测定

本小节以 Zhalnina 等（2018）的研究为例，介绍利用溶液培养法收集根系分泌物、萃取法分离提纯根系分泌物和液质联用法测定根系分泌物的过程。

溶液培养法收集根系分泌物：在室温黑暗条件下，用超纯水和玻璃棉萌发野生型燕麦种子。将苗龄为 3 天的野燕麦幼苗移入容量为 6L 的水培箱，水培箱装入稀释一倍的生长基质营养液。水培箱放置在 24℃恒温培养箱中进行培养，16/8h 的昼/夜循环，湿度 72%，光照 180μE/(m²·s)。每 3 天更换培养基质以去除可能的微生物污染。分别在第 3 周、6 周、9 周和 12 周收集植株的根系分泌物，收集根系分泌物之前，用超纯水清洗植物的根系，除去残留在根系表面的营养液，然后转移到装有 200ml 无菌超纯水的玻璃试管中，在培养箱内放置 1h。1h 后用 0.22μm 的滤膜过滤。在样品冷冻干燥前，用总有机碳（TOC）分析仪测出在植株不同发育阶段收集的根系分泌物中的 TOC 值。TOC 值可用于调整提取物的最终稀释倍数，使所有样品的有机碳浓度均为每升 470mg。收集的根系分泌物样品立即冷冻干燥，储存在−80℃中。研究人员用这种方法收集根系分泌物，没有出现微生物对分泌物的分解现象的收集时间最高可达 2.5h（Neumann and Römheld，2007）。

萃取法分离提纯根系分泌物：预先配制甲醇萃取剂，其中含有 2-氨基-3-溴-5-甲基苯甲酸 1μg/ml，$^{13}$C-$^{15}$N-L-苯丙氨酸 5μg/ml，9-蒽羧酸 2μg/ml，保存在−20℃。在冷冻干燥的分泌样品中加入一定量的保存在−20℃的甲醇萃取剂，随后用超声波清洗器超声萃取 30min。萃取后用 0.22μm 的微型离心聚偏氟乙烯过滤器（Merck Millipore）过滤，吸取 150μl 过滤后的甲醇萃取物到液相色谱-质谱联用仪（LC-MS）专用的小玻璃瓶中，以备后续检测分析。

液质联用法测定根系分泌物：利用 Agilent 1290 LC 平台，采用正相超高效液相色谱法（UHPLC），结合轨道阱质谱仪（Thermo Scientific）采集的质谱数据。在 70 000 半峰全宽（full-width at half-maximum，FWHM）分辨率下，从 $m/z$ 70～1050 处采集完整 MS 光谱，在 17 500FWHM 分辨率下，使用 10eV、20eV 和 30eV 碰撞能量获取 MS/MS 碎片光谱数据。MS 仪器参数设置为 50AU（任意单位）的护套气体流量、20AU 的辅助气体流量、2AU 的清扫气流量、3kV 的喷雾电压和 400℃的毛细管温度。采用亲水作用液相色谱柱（Millipore SeQuant ZIC-pHILIC，150mm×2.1mm，5μm），温度 40℃，流速 0.25ml/min，注射量 2μl，选择运行正相色谱法。HILIC 柱采用 100%缓冲液 B（氰化甲烷：5mmol/L 乙酸铵水溶液=90：10）洗脱 1.5min 达到平衡，用缓冲液 A（5mmol/L 乙酸铵水溶液）将缓冲液 B 浓度降至 50%，23.5min 后达到平衡，再加入 40%缓冲液 B 洗脱 3.2min，再加入 0%缓冲液 B 洗脱 6.8min，最后用 100%缓冲液 A 等度洗脱 3min。再利用真实质量和保留时间结合质谱碎片离子峰识别具体化合物。

## 8.4　植物根系对土壤有机质分解的激发效应

根系的激发效应（priming effect）是指由根系分泌物或根凋落物带来的有机质输入对土壤原有有机质转化速率的改变。根系激发效应主要集中在根际（rhizosphere）区域，一般是一段根的表面 1～3mm 的环形区域（Kuzyakov and Xu，2013）。激发效应可分为正激发效应和负激发效应。根分泌物和凋落物中含有大量易被微生物利用的有机物，如碳水化合物、有机酸、氨基酸等，为微生物提供营养物质和能量，增强根际的微生物活性，从而促进土壤有机质的分解，为正激发效应。相反，若微生物更多地去利用根分泌物中的有机物而不是土壤中原有的有机物，则会造成土壤有机质分解的减慢，为负激发效应。

研究根系激发效应可以通过原位实验（*in situ* experiment）或培养实验（incubation experiment）进行。原位实验是指在野外通过人工添加有机物来观察外源有机物的添加是否促进了微生物活动和土壤有机物的分解，或者通过埋入不同网眼大小的网袋来阻止或允许根的通过，从而观察根的存在是否促进了有机物的分解。培养实验是指从野外取得土壤，在室内通过控制温度、湿度等条件，以及添加外源有机物观察土壤有机物分解是否有变化。添加的外源有机物最好通过同位素进行标记，以分辨分解的是否是土壤原有的有机物，除非分解的有机物量远远大于添加进去的有机物量。

在一项位于美国马萨诸塞州的研究中（Drake et al., 2013），研究者将 10cm 长、2.5mm 粗的带有 0.15μm 孔眼的细管插入一个阔叶林的土壤中，通过这些细管将模拟根分泌物溶液以 0.06ml/min 的速率泵入土壤中。模拟根分泌物溶液包括柠檬酸、草酸、富马酸、丙二酸和葡萄糖，在模拟氮输入的溶液中还额外添加了 $NH_4Cl$。这种方法避免了对植物和土壤的破坏，并且在连续加入有机物的同时控制有机物的加入量在一个很低的水平，因此能更好地模拟根分泌物的效应。经过 50 天的模拟根分泌物处理后，取细管周围直径 13.5mm 的土样，测量其中的土壤过程指标，包括微生物呼吸、微生物生物量、蛋白水解酶活性、胞外酶活性等。结果表明只含碳的模拟根分泌物促进了微生物呼吸，但是对微生物生物量和酶活性没有影响；而同时含碳和氮的模拟根分泌物促进了微生物呼吸，增加了微生物生物量和分解小分子量有机物的胞外酶活性。

培养实验因为条件可控，相对来说可操作性更强。在一项位于挪威的研究中（Ohm et al., 2007），研究者在一个欧洲云杉（*Picea abies*）林中取了 20.5～38.5cm 深的土壤，带回实验室中风干过 2mm 筛后，取一定量的土放入烧杯，并按照 1：2 的比例混入不含碳的沙子以改良土壤的透气性并避免土壤颗粒板结，调节土壤含水率在 30%最大持水量，并在 20℃预培养一周。然后将每个装有土壤的烧杯与 10ml 0.06mol/L 的 KOH 溶液一起放置在一个密闭容器中，保持 20℃恒温，每周添加一定量[3.325μg C/(mg SOC)]$^{14}$C 标记的 D-果糖或 L-丙氨酸溶液，并通过每小时测量与土壤放置在一起的 KOH 溶液的电导率推算出土壤中释放的 $CO_2$ 量。激发效应表示为添加有机物与对照之间的差值占对照组 $CO_2$ 释放量的比例。结果显示丙氨酸的激发效应比果糖的激发效应更大（分别为 280% 和 231%），可能因为丙氨酸不仅能作为能量物质，还能作为氮源来激发微生物活性。但是因为培养实验的条件往往与野外实际条件相差较大，所以培养实验的结果并不能直接外推为野外的实际情况。

虽然根际来源的碳可能会增强微生物活性进而促进土壤有机质的分解和周转，但是这种促进作用是否可能并不能抵消掉根际的碳输入对土壤碳含量的增加。在一个室内培养实验中，研究者向土壤中加入 $^{13}$C 标记的葡萄糖来研究易分解碳的输入对土壤总有机碳库的净影响，发现易分解碳的输入虽然对土壤有机碳的分解产生了激发效应，但土壤总的有机碳（残留葡萄糖+土壤残留有机碳）还是增加的；另外，他们还综合分析了以前的激发效应研究，发现大多数研究中易分解有机物的输入都是增加了土壤有机碳的总量（Qiao et al., 2014）。因此，在研究根系的激发效应的同时，还应关注激发效应对土壤的碳平衡究竟是正的影响还是负的影响，这才是研究激发效应的最终目的。此外，根源性碳除了被微生物利用外还有部分进入土壤碳库，到底是进入易分解的碳库还是难分解的碳库对土壤碳库的长期影响很大（孙悦等，2014），而这部分内容还有待更多的研究。

# 参 考 文 献

陈俊伟, 倪竹如. 1994. 利用 $^{14}$C 示踪法研究杉木光合产物分配和杉木根系分泌物. 核农学报, 8(3): 167-171.

程智慧, 耿广东, 张素勤, 孟焕文. 2005. 辣椒对莴苣的化感作用及其成分分析. 园艺学报, 32(1): 100.

崔喜红, 陈晋, 沈金松, 曹鑫, 陈学泓, 朱孝林. 2011. 基于探地雷达的树木根径估算模型及根生物量估算新方法. 中国科学: 地球科学, 41(2): 243-252.

邰红建, 常江, 张自立, 丁士明, 魏俊岭. 2003. 研究植物根系分泌物的方法. 植物生理学报, 39(1): 56-60.

胡元森, 李翠香, 杜国营, 刘亚峰, 贾新成. 2007. 黄瓜根分泌物中化感物质的鉴定及其化感效应. 生态环境学报, 16(3): 954-957.

李汛, 段增强. 2013. 植物根系分泌物的研究方法. 基因组学与应用生物学, 32(4): 540-547.

全先奎, 于水强, 史建伟, 于立忠, 王政权. 2007. 微根管法和同位素法在细根寿命研究中的应用及比较. 生态学杂志, 26(3): 428-434.

沈佐君, 李小鹏, 孙曾培, 杨树德. 1998. 一种新的氨基酸测定衍生化方法. 基础医学与临床, 18(4): 75-80.

孙悦, 徐兴良, Kuzyakov Y. 2014. 根际激发效应的发生机制及其生态重要性. 植物生态学报, 38(1): 62-75.

王鹏, 牟溥, 李云斌. 2012. 植物根系养分捕获塑性与根竞争. 植物生态学报, 36(11): 1184-1196.

肖红, 张德罡, 徐长林, 潘涛涛, 柴锦隆, 李亚娟, 鱼小军. 2018. 模拟践踏和降水对高寒草甸阴山扁蓿豆根系特征的影响. 草地学报, 26(2): 348-355.

杨瑞吉, 牛俊义. 2006. 磷胁迫对油菜根系分泌物的影响. 西南大学学报(自然科学版), 28(6): 895-899.

张开伟, 聂庆科, 吴园平, 牛禾. 2018. 基于探地雷达技术的植物根系探测应用研究. 工程地球物理学报, 15(1): 86-91.

张利, 何新华, 陈虎, 李一伟, 张超兰. 2009. 铅胁迫下杨梅根系分泌有机酸的研究. 浙江农林大学学报, 26(5): 663-666.

张汝民, 张丹, 陈宏伟, 白静, 高岩. 2007. 梭梭幼苗根系分泌物提取方法的研究. 干旱区资源与环境, 21(3): 153-157.

张伟, 李晓君, 张静, 孙成均. 2014. 柱前衍生-气相色谱法同时测定功能食品中 8 种有机酸. 分析试验室, 33(2): 175-179.

张照然, 范黎明, 吴毅歆, 毛自朝, 何月秋. 2013. 大白菜根系分泌物的 GC-MS 分析. 江西农业学报, 25(9): 75-77.

周艳丽. 2007. 大蒜(*Allium sativum* L.)根系分泌物的化感作用研究及化感物质鉴定. 杨凌: 西北农林科技大学博士学位论文.

朱国鹏. 2002. 根系分泌物研究方法(综述). 亚热带植物科学, 31(S1): 15-21.

Badri D V, Vivanco J M. 2009. Regulation and function of root exudates. Plant, Cell & Environment, 32: 666-681.

Boeuf-Tremblay V, Plantureux S, Guckert A. 1995. Influence of mechanical impedance on root exudation of maize seedlings at two development stages. Plant and Soil, 172: 279-287.

Burke M K, Raynal D J. 1994. Fine root growth phenology, production, and turnover in a northern hardwood forest ecosystem. Plant and Soil, 162: 135-146.

Butnor J R, Doolittle J A, Johnsen K H, Samuelson L, Stokes T, Kress L. 2003. Utility of ground-penetrating radar as a root biomass survey tool in forest systems. Soil Science Society of America Journal, 67: 1607-1615.

Butnor J R, Doolittle J A, Kress L W, Cohen S, Johnsen K H. 2001. Use of ground-penetrating radar to study tree roots in the southeastern United States. Tree Physiology, 21: 1269-1278.

Drake J E, Darby B A, Giasson M A, Kramer M A, Phillips R P, Finzi A C. 2013. Stoichiometry constrains microbial response to root exudation—insights from a model and a field experiment in a temperate forest. Biogeosciences, 10: 821-838.

Elhalmouch Y, Benharrat H, Thalouarn P. 2006. Effect of root exudates from different tomato genotypes on broomrape (*O. aegyptiaca*) seed germination and tubercle development. Crop Protection, 25: 501-507.

Erro J, Zamarreno A M, Yvin J C, Garcia-Mina J M. 2009. Determination of organic acids in tissues and exudates of maize, lupin, and chickpea by high-performance liquid chromatography-tandem mass spectrometry. Journal of Agricultural and Food Chemistry, 57: 4004-4010.

Faouzi H, Philippe G, Pierre B, Cécile C, MickaL M, Dominique R, Samira A S, Philippe R. 2008. Prolonged root hypoxia induces ammonium accumulation and decreases the nutritional quality of tomato fruits. Journal of Plant Physiology, 165: 1352-1359.

Fischer K. 2002. Environmental analysis of aliphatic carboxylic acids by ion-exclusion chromatography. Analytica Chimica Acta, 465: 157-173.

Gao X, Yang J, Huang F, Wu X, Li L, Sun C. 2003. Progresses of derivatization techniques for analyses of carbohydrates. Analytical Letters, 36: 1281-1310.

Gaudinski J G, Trumbore S T, Davidson E D, Cook A C, Markewitz D M, Richter D R. 2001. The age of fine-root carbon in three forests of the eastern United States measured by radiocarbon. Oecologia, 129: 420-429.

Gill R A, Jackson R B. 2000. Global patterns of root turnover for terrestrial ecosystems. New Phytologist, 147: 13-31.

He H B, Lin W X, Chen X X, He H Q, Xiong J, Jia X L, Liang Y Y. 2005. The differential analysis on allelochemicals extracted from root exudates in different allelopathic rice accessions. Proceedings of the Fourth World Congress on Allelopathy. Hisar: International Allelopathy Society.

Hobbie S E, Oleksyn J, Eissenstat D M, Reich P B. 2010. Fine root decomposition rates do not mirror those of leaf litter among temperate tree species. Oecologia, 162: 505-513.

Hoffland E, Findenegg G R, Nelemans J A. 1989. Solubilization of rock phosphate by rape. Plant and Soil, 113: 155-160.

Hruska J, Cermak J, Sustek S. 1999. Mapping tree root systems with ground-penetrating radar. Tree Physiology, 19: 125-130.

Jackson R B, Mooney H A, Schulze E D. 1997. A global budget for fine root biomass, surface area, and nutrient contents. Proceedings of the National Academy of Sciences of the United States of America, 94: 7362-7366.

Johnson M G, Tingey D T, Phillips D L, Storm M J. 2001. Advancing fine root research with minirhizotrons. Environmental and Experimental Botany, 45: 263-289.

Kaplan E L, Meier P. 1958. Nonparametric estimation from incomplete observations. Journal of the American Statistical Association, 53: 457-481.

Kudoyarova G R, Melentiev A I, Martynenko E V, Timergalina L N, Arkhipova T N, Shendel G V, Kuz'Mina L Y, Dodd I C, Veselov S Y. 2014. Cytokinin producing bacteria stimulate amino acid deposition by wheat roots. Plant Physiol Biochem, 83: 285-291.

Kuzyakov Y, Xu X. 2013. Competition between roots and microorganisms for nitrogen: mechanisms and ecological relevance. New Phytologist, 198: 656-669.

Lee K J, Gaskins M H. 1982. Increased root exudation of $^{14}$C-compounds by sorghum seedlings inoculated with nitrogen-fixing bacteria. Plant and Soil, 69: 391-399.

Lefevre G H, Hozalski R M, Novak P J. 2013. Root exudate enhanced contaminant desorption: an abiotic contribution to the rhizosphere effect. Environmental Science and Technology, 47: 11545-11553.

Lukac M. 2012. Fine root turnover. *In*: Mancuso S. Measuring Roots: An Updated Approach. Heidelberg: Springer Berlin Heidelberg: 363-373.

Majdi H, Pregitzer K, Morén A S, Nylund J E, Ågren G I. 2005. Measuring fine root turnover in forest ecosystems. Plant and Soil, 276: 1-8.

Marschner H. 1995. Mineral Nutrition of Higher Plants. 2nd ed. London: Academic Press.

Matamala R, Gonzàlez-Meler M A, Jastrow J D, Norby R J, Schlesinger W H. 2003. Impacts of fine root turnover on forest NPP and soil C sequestration potential. Science, 302: 1385-1387.

McCormack M L, Dickie I A, Eissenstat D M, Fahey T J, Fernandez C W, Guo D, Helmisaari H S, Hobbie E A, Iversen C M, Jackson R B. 2015. Redefining fine roots improves understanding of belowground contributions to terrestrial biosphere processes. New Phytologist, 207: 505-518.

Merrill S D, Upchurch D R. 1994. Converting root numbers observed at minirhizotrons to equivalent root length density. Soil Science Society of America Journal, 58: 1061-1067.

Montero C M, Dodero M R, Sánchez D G, Barroso C. 2004. Analysis of low molecular weight carbohydrates in food and beverages: a review. Chromatographia, 59: 15-30.

Moser G, Leuschner C, Hertel D, Holscher D, Kohler M, Leitner D, Michalzik B, Prihastanti E, Tjitrosemito S, Schwendenmann L. 2010. Response of cocoa trees (*Theobroma cacao*) to a 13-month desiccation period in Sulawesi, Indonesia. Agroforestry Systems, 79: 171-187.

Muratova A, Golubev S, Wittenmayer L, Dmitrieva T, Bondarenkova A, Hirche F, Merbach W, Turkovskaya O. 2009. Effect of the polycyclic aromatic hydrocarbon phenanthrene on root exudation of *Sorghum bicolor* (L.) Moench. Environmental & Experimental Botany, 66: 514-521.

Nakamura K, Iwaizumi K, Yamada S. 2007. Hemolymph patterns of free amino acids in the brine shrimp Artemia franciscana after three days starvation at different salinities. Comparative Biochemistry and Physiology Part A: Molecular & Integrative Physiology, 147: 254-259.

Nardi S, Concheri G, Pizzeghello D, Sturaro A, Rella R, Parvoli G. 2000. Soil organic matter mobilization by root exudates. Chemosphere, 41: 653-658.

Nardi S, Tosoni M, Pizzeghello D, Provenzano M R, Cilenti A, Sturaro A, Rella R, Vianello A. 2005. Chemical characteristics and biological activity of organic substances extracted from soils by root exudates. Soil Science Society of America Journal, 69: 2012-2019.

Neill C. 1992. Comparison of soil coring and ingrowth methods for measuring belowground production. Ecology, 73: 1918-1921.

Neumann G, George T S, Plassard C. 2009. Strategies and methods for studying the rhizosphere—the plant science toolbox. Plant and Soil, 321: 431-456.

Neumann G, Römheld V. 2007. The release of root exudates as affected by the plant physiological status. The Rhizosphere: Biochemistry and Organic Substances at the Soil-Plant Interface, 2: 23-72.

Nguyen C. 2003. Rhizodeposition of organic C by plants: mechanisms and controls. Agronomie, 23: 375-396.

Ohm H, Hamer U, Marschner B. 2007. Priming effects in soil size fractions of a podzol Bs horizon after addition of fructose and alanine. Journal of Plant Nutrition and Soil Science, 170: 551-559.

Pant H K, Vaughan D, Edwards A C. 1994. Molecular size distribution and enzymatic degradation of organic phosphorus in root exudates of spring barley. Biology & Fertility of Soils, 18: 285-290.

Poorter H, Niklas K J, Reich P B, Oleksyn J, Poot P, Mommer L. 2012. Biomass allocation to leaves, stems and roots: meta-analyses of interspecific variation and environmental control. New Phytologist, 193: 30-50.

Qiao N, Schaefer D, Blagodatskaya E, Zou X, Xu X, Kuzyakov Y. 2014. Labile carbon retention compensates for $CO_2$ released by priming in forest soils. Global Change Biology, 20: 1943-1954.

Sanders J L, Brown D A. 1978. A new fiber optic technique for measuring root growth of soybeans under field conditions. Agronomy Journal, 70: 1073-1076.

Schuurman J J, Goedewaagen M A J. 1965. Methods for the Examination of Root Systems and Roots. Wageningen: Centre for Agricultural Publications and Documentation.

Smit A L, George E, Groenwold J. 2000. Root observations and measurements at (transparent) interfaces with soil. *In*: Smit A L, Bengough A G, Engels C, van Noordwijk M, Pellerin S, van de Geijn S C. Root Methods: A Handbook. Heidelberg: Springer Berlin Heidelberg: 235-271.

Strand A E, Pritchard S G, McCormack M L, Davis M A, Oren R. 2008. Irreconcilable differences: fine-root life spans and soil carbon persistence. Science, 319: 456-458.

Ström L, Olsson T, Tyler G. 1994. Differences between calcifuge and acidifuge plants in root exudation of low-molecular organic acids. Plant and Soil, 167: 239-245.

Suk-Hyun C, Hyen-Ryung K, Hyun-Jeong K, In-Seon L, Nobuyuki K, Levin C E, Mendel F. 2011. Free amino acid and phenolic contents and antioxidative and cancer cell-inhibiting activities of extracts of 11 greenhouse-grown tomato varieties and 13 tomato-based foods. Journal of Agricultural & Food Chemistry, 59: 12801-12814.

Tang C S, Young C C. 1982. Collection and identification of allelopathic compounds from the undisturbed root system of bigalta limpograss (*Hemarthria altissima*). Plant Physiology, 69: 155-160.

Tierney G L, Fahey T J. 2002. Fine root turnover in a northern hardwood forest: a direct comparison of the radiocarbon and minirhizotron methods. Canadian Journal of Forest Research, 32: 1692-1697.

van Noordwijk M, Floris J, De Jager A. 1985. Sampling schemes for estimating root density distribution in cropped fields. Netherlands Journal of Agricultural Science, 33: 241-262.

Vogt K, Vogt D, Bloomfield J. 1998. Analysis of some direct and indirect methods for estimating root biomass and production of forests at an ecosystem level. Plant and Soil, 200: 71-89.

Walker T S, Bais H P, Grotewold E, Vivanco J M. 2003. Root exudation and rhizosphere biology. Plant Physiology, 132: 44-51.

Wang P, Heijmans M M P D, Mommer L, van Ruijven J, Maximov T C, Berendse F. 2016. Belowground plant biomass allocation in tundra ecosystems and its relationship with temperature. Environmental Research Letters, 11: 055003.

Wang P, Limpens J, Mommer L, van Ruijven J, Nauta A L, Berendse F, Schaepman-Strub G, Blok D, Maximov T C, Heijmans M M P D. 2017. Above- and below-ground responses of four tundra plant functional types to deep soil heating and surface soil fertilization. Journal of Ecology, 105: 947-957.

Wang Y, Fang L, Lin L, Luan T, Tam N F. 2014. Effects of low molecular-weight organic acids and dehydrogenase activity in rhizosphere sediments of mangrove plants on phytoremediation of polycyclic aromatic hydrocarbons. Chemosphere, 99: 152-159.

Wasson A P, Nagel K A, Tracy S, Watt M. 2020. Beyond digging: noninvasive root and rhizosphere phenotyping. Trends in Plant Science, 25: 119-120.

Wu H, Haig T, Pratley J, Lemerle D, An M. 2001. Allelochemicals in wheat (*Triticum aestivum* L.): cultivar difference in the exudation of phenolic acids. Journal of Agricultural & Food Chemistry, 49: 3742-3745.

Yoshitomi K J, Shann J R. 2001. Corn (*Zea mays* L.) root exudates and their impact on [14]C-pyrene mineralization. Soil Biology & Biochemistry, 33: 1769-1776.

Zhalnina K, Louie K B, Hao Z, Mansoori N, da Rocha U N, Shi S, Cho H, Karaoz U, Loque D, Bowen B P, Firestone M K, Northen T R, Brodie E L. 2018. Dynamic root exudate chemistry and microbial substrate preferences drive patterns in rhizosphere microbial community assembly. Nature Microbiology, 3: 470-480.